韩波

曲阜师范大学美术学院教授、博士生导师、艺术学理论学科带头人，兼任泰国格乐大学艺术学博士生导师。毕业于东南大学，先后获设计学硕士学位和艺术学博士学位，南京艺术学院设计学出站博士后。山东省设计学教指委委员、山东省重点学科设计学学科带头人、教育部学位论文抽检评审专家、山东省美育教育专家资源库专家、山东省社科项目评审专家、山东省美协美术理论委员会副主任委员、长江文化促进会会员、中国艺术学理论学会会员、山东省政府采购评审专家。

主持国家社科基金后期资助项目、教育部人文社科项目、山东省社科规划项目、江苏省博士后科研基金项目多项。出版学术专著1部，参著著作4部，发表学术论文30余篇。学术成果曾获山东省政府泰山文艺奖艺术理论与评论奖，省高校人文社会科学成果奖多项。

— 曲阜师范大学科研基金资助 —

营造本土化
城市公共空间景观

CREATE LOCAL LANDSCAPE
OF URBAN PUBLIC SPACE

韩波 / 著

文化艺术出版社
Culture and Art Publishing House

图书在版编目（CIP）数据

营造本土化城市公共空间景观 / 韩波著. —北京：
文化艺术出版社, 2020.12
ISBN 978-7-5039-7006-1

Ⅰ.①营… Ⅱ.①韩… Ⅲ.①城市空间—景观设计—
研究 Ⅳ.①TU984.11

中国版本图书馆CIP数据核字（2020）第226949号

营造本土化城市公共空间景观

著　　者　韩　波
责任编辑　董　斌　梁一红
责任校对　邓　运
封面设计　张玉芝
版式设计　姚雪媛
出版发行　文化艺术出版社
地　　址　北京市东城区东四八条52号 （100700）
网　　址　www.caaph.com
电子邮箱　s@caaph.com
电　　话　（010）84057666（总编室）　84057667（办公室）
　　　　　　　　　　 84057696—84057699（发行部）
传　　真　（010）84057660（总编室）　84057670（办公室）
　　　　　　　　　　 84057690（发行部）
经　　销　新华书店
印　　刷　中煤（北京）印务有限公司
版　　次　2021年6月第1版
印　　次　2021年6月第1次印刷
开　　本　710毫米×1000毫米　1/16
印　　张　18.25
字　　数　234千字
书　　号　ISBN 978-7-5039-7006-1
定　　价　98.00元

第四章　本土景观之镜与化

第五章　借问西方城市景观

第六章　城市公共空间景观本土化嬗变

导　言

　　每位城市市民都渴望享受美好而舒适的休闲和交往的城市空间。因之，公共空间的营造不仅是当下也将是未来公众和业界始终关心的一个热门话题。城市公共空间建构的状态是一个城市物质文明和精神文明的综合体现，直接反映出一座城市的历史厚度、人文性格和审美韵致。

　　城市公共空间既可以是一种承载集会、交往、流通、休憩、游乐、健身、文化、教育等多种社会功能的场域，也可以是具有某一专属的主题特色活动的空间所在，可以呈现为不同的外在形态。作为公共生活之容器，它面向每一位市民的日常生活。同时，它又是城市景观的重要构成部分，是城市之眼，是城市是否拥有生机和活力的外显。

　　作为一种人们以多种感官感知的具体的物质和文化实在，每一个历史时期的公共空间景观都有其所处时代的鲜明特征，存留城市发展历史中政治、经济、社会、文化和艺术流变的烙印。它是人类物质文明和精神义明在城市中的凝结，是人们使用、享受和体验城市生活和文化的空间。

　　不同地域的文化底色和生活传统无疑会影响人们对所在城市公共生活的理解和参与，因而在城市公共空间的营造和美化上东西方也必然有所差异。如今全球化和现代化以不可阻挡的趋势，引领人类文明之间必须展开交流和对话，国家和地域间文化的深入沟通和理解成为可能，导致现代人生活观念和生活方式的趋同性大大增强。在城市公共空间的营造上，对使用主体——人的尊重以及对城市生存环境的生态质量的兼顾日益成为世界共识。城市公共空间营造是一个程序复杂、内涵丰富的系统，开展这方面的研究，有利于促进人类在环境设计上的观念和方法进步，使城市公共空间朝着合理、科学、高效的方向发展。特别在人类社会进入到后工业社会（或言之非物质社会）后，人们对精神生活需求的满足日渐重视。当无极限发展的幻梦破灭之后，对生存环境不断恶化和对人类前途命运的忧虑意识愈来愈强，促使我们必须以新的眼光审视所在城市公共空间景观的营造。情感化、人性化、生态化、本土化、可持续性成为大众对未来公共空间设计的基本要求。从多个角度对城市公共空间设计进行思索和研究，会对公共空间营造的良性发展起到合力助推的作用。

城市公共空间营造的本土化并不是一个崭新的课题，古代城市建设史上不乏不同文明之间交流和吸纳的例证，在当代社会这种交流更为便捷。但交流仅是手段，要真正将先进设计理念和技术与本土文化相耦合并非易事。当代中国城市化进程日新月异，城市建设也浮现了许多新的特点，需要业界敏锐关注。我们在过去一定时期的城市公共空间建设上，既积累了宝贵的实践经验，同时也不可避免地出现了一些失误和纰漏，突出表现在城市公共空间营造中的一些非理性现象方面。

作为一门年轻的学科，景观设计学的发展不过百余年的历史，然而现在却成为能够有力改变人类公共空间生活质量的显学，在世界各地以蓬勃之势传播、发展。在其学科研究方向和群体不断分蘖滋长的百年历程中，城市市区内的公共空间乃至外部大范围的地理区域都被纳入现代景观设计的范围。从设计业界到人文学术领域，从政府官员到公众，已经逐步理解、认同其景观设计所发挥的重要作用。但不得不认识到，在城市公共空间的设计和建设方面，我们在相当长的一段时间内还在因循西方国家城市发展的套路，有些学习甚至停留在浅表性地模仿和套用层面，还没有形成系统、完善的本土景观建设理论。在一些城市公共空间功能设计和美学趣味上，唯大唯洋，奢侈炫富，未能真正扎根于中国现阶段国情，并关注中华民族的文化传统、生活方式等实际状况，因而难以形成具有鲜明本土特色的城市公共空间景观。在此情况下，进行公共空间营造本土化方面的理论研究仍是非常必要的，同时也是必须的。

西方国家在城市公共空间设计和建设上，有着悠久的历史和文化传统，相关理论研究也开始较早。伴随现代社会科学和自然科学的发展，诸多学者从不同的学科视角如景观生态、城市规划、社会交往、建筑空间、环境心理、旅游规划、美学和艺术学等，对公共空间的问题进行了理论探讨。特别是美国、欧洲和日本等国家在这方面的研究走在了世界前列，形成了一系列具有可贵学术价值的研究成果。

在景观设计研究方面，美国景观设计师西蒙兹在1961年出版了《景观设计学》一书，向读者申明了景观的本质、意义和原理，论述了人类应如何对待自然，以及环境条件对人造景观的规划设计过程中的诸多限制，气候因素对景观设计的影响，场地的选择和条件分析，并提出了景观设计的一些具体原则。

美国宾夕法尼亚大学的伊恩·伦诺克斯·麦克哈格教授的《设计结合自然》（1969）一书，在景观生态学领域具有里程碑意义。该书在很大意义上扩展了传统"规划"与"设计"的研究范围，将其提升至生态科学的高度，使之真正向着包含多门综合性学科的方向发展。书中深入阐释了人与自然环境之间不可分割的依赖关系，并提出以生态原理进行规划操作和分析的方法，使理论与实践紧密结合。这是对景观设计的理念和技术力量的一次提升，值得城市决策者和景观设计师深入借鉴。

美国学者约翰·布林克霍夫·杰克逊在1984年出版《发现乡土景观》一书。书中杰克逊对"景观"进行了新的定义，认为"景观"并非纯粹自然之物，而是一个人与环境整合的空间，是社会生产的结构，是为人类集体服务的背景和舞台。除乡村景观外，他也关注城市生活中的一些节点和场域。作者通过景观，将日常生活经验、环境、地域认同连接在一起，突出了文化与景观的情感交流和相互建构。这也就是景观所具备的所谓场所精神。对场所记忆的强调一度成为世界各地的设计者从事景观设计活动的重要准则。

景观都市主义的理念则在美国学者查尔斯·瓦尔德海姆的《景观都市主义》一书中提出。该书系由芝加哥格雷厄姆基金会的学者论文编辑而成。主要文章观点为景观城市主义是一种新的学科定位。景观学在不断跨越学科界限，以多元化的学科参与视角关注城市问题，影响城市的构成和发展。景观日益取代建筑成为城市发展的基本单元，景观不仅成为洞悉当代城市的透镜，也成为重新建造当代城市的媒介。

城市设计方面，先后产生以下重要的理论研究著作可为我们提供借鉴。1964年美国学者马丁·安德森所著的《美国联邦城市更新计划1949—1962年》一书，原名《联邦推土机：对1949—1962年城市更新计划的批判》。作者站在反对城市更新运动的立场上，认为政府完全不应该以公权力介入城市发展，特别是不可动用由政府垄断的征用权，以动迁私有财产作为城市更新的代价。安德森对于城市更新的批判极为尖锐，彻底地否定政府主导的合理性，认为这种做法背离了美国立国的基本理念，主张城市建设应该依靠市场运作而不是政府干预。在书中，他还提供了一个以自由市场下的经济体系替代政府开发计划进行城市建设的方案。我国当前不少城市更新中出现了城市政府主导，并与房地产商构成"城市更新联盟"，因此该书所具有的批判精神的理论似乎对中国社会有关现象也具有警示意义。

英国学者伊丽莎白·伯顿、琳内·米切尔所著的《包容性的城市设计 —— 生活街道》（2009）一书，基于2004年的一项创立于牛津布鲁克斯大学可持续发展学院的名为"可持续环境满意度"（Wellbeing in Sustainable Environments，简称WISE）的科研项目，是过去十年WISE项目研究成果的总结。WISE项目主要是研究建成环境（包括建筑尺度到城市尺度）是如何影响居住者和其他使用者的幸福感、身心健康和生活质量的。作者认为，只有当设计行业充分发挥他们的社会责任感，利用科学研究及设计经验，更好地聆听并满足大众的需求时，可持续发展才能真正地被贯彻下去，应像其他行业一样应用科学的手段作为创新的基础。

至于城市公共空间的设计方面，也有不少视角不同、理念各异的学术著作问世。早在1981年，美国学者阿尔伯特 J.拉特利奇就出版了《大众行为与公园设计》一书。该书旨在通过对行为科学的研究为设计者、行为学者和使用者之间建立联系。以社会学、心理学以及人的需要层次等理论为基点，分析公园中人的视觉信息规律，探讨人在既定环境中的心理欲望和行为习惯，继而提出一种新公园的设计程序，有助于公园设计者和建筑师更加敏感地把握人的环境知觉和行为意识，从而有效地进行设计。

美国学者阿里·迈达尼普尔所著《城市空间设计 —— 社会 —空间过程的调查研究》（2009）一书中，将城市设计视为一种社会 —空间的发展进程。城市设计的本质植根于政治、经济和文化发展进程中，涉及许多与社会 —空间结构相互作用的机构。因此，城市设计仅能在社会 —空间脉络关系中加以理解。从这个视角，将城市设计的技术要素、创造要素和社会要素一起进行研究，从而洞悉和理解城市设计这一复杂发展过程及其产物。

美国设计师克莱尔·库珀·马库斯1998年出版的《人性场所——城市开放空间设计导则》一书，指出在城市开放空间设计活动中要考虑空间的不同使用者和使用需求。作者通过调研使用者对空间的评价，分别对不同类型的城市开放空间设计提出指导性的原则建议。这一建议建立在如下假定基础上：首先，各类空间的委托方和设计者都关心人类自身，想要创造出宜人的场所。其次，大多数项目的决策者无暇进行广泛的阅读或亲自进行实证研究。最后，物质环境在不同程度上确实影响着行为。针对每一种空间类型，作者首先进行定义，其次是综述形式与需求方面的研究成果，最后提出设计导则和案例分析。

英国学者卡莫纳和蒂斯迪尔等在2003年出版了《公共空间与城市空间——城市设计维度》一书。书中指出城市设计应该被视为一种设计过程，其结果并无对错之分，仅有好坏之别，设计的质量只能通过时间来验证。因此，对城市设计项目应持不断地质疑与追问的态度，而非教条地做出判断。作者并非创造出一种"新"的城市设计理论，而是详尽阐述对城市设计及场所塑造所持的观点与态度，即坚信城市设计与场所塑造是城市开发、更新、管理、规划和保护进程的一个重要组成部分。在作者看来，城市设计是一种伦理行为——涉及价值观问题，应该关注诸如社会公正、公平和环境可持续发展等。

英国学者克利夫·芒福汀在其专著《街道与广场》（2004）中认为，城市设计与建筑和规划两者紧密相关，又是一个相对独立的领域。城市设计主要关注的是在城市、城镇以及相对城市区域较小的社区中设计和建造公共空间。它主张城市设计的主要组成部分是城市片区，并以1.5公里见方的城市片区为宜，建议城市设计师不要忽略小规模的街道与广场，强调这是城市设计的核心。芒福汀的建议积极意义在于，强调了设计师对城市片区和公共空间尺度的控制，并非越大越好，而是应该适合于社区人群的需要。

《外部空间设计》一书则是日本建筑师芦原义信从建筑设计视角对空间形态的探讨。他提出了相对建筑内部空间的外部空间的概念。该书既涉及空间类型的理论探讨，如内部秩序与外部秩序，"N 空间与 P 空间"，"逆空间"等，又涉及外部空间的形式和设计语言等方法论问题。这对设计师处理室外公共空间形态等方面的设计问题时，可以提供一些理念和技术上的启迪。

还有一些学者从社会学或行为学的角度来反观城市公共空间规划和设计的得失。加拿大学者简·雅各布斯在1961年出版的《美国大城市的死与生》曾经在城市规划和设计界产生很大的影响。如作者所言，该书从真实的城市生活角度表达了对城市规划和重建理论的批评。作者主要从城市空间的日常使用者的多样化需求，以及不合理的城市设计所带来的社会问题等方面出发，提出城市规划设计重建应该引入一些新的原则，而这些新的原则恰恰与学院里所教授的那些所谓正统的理论相反。作者基于自身的观察，从微观的层面论述了各种类型城市空间中存在的弊端，当然也有好的城市空间设计的例证。书中不乏对一些知名的设计师的设计观念的批评，但作者似乎并未发现，有些城市问题不完全与设计活动本身存在单纯的因果逻辑，而是源于深层的制度问题。

丹麦学者扬·盖尔（Jan Gehl）的著作《交往与空间》在1971年出版。作者目的在于批评当时在欧洲的城市及居住区规划中盛行的功能主义规划原则的不足之处，呼吁对户外空间中活动的人们应给予关注，并深切理解那些与人们在公共空间中的交往密切相关的各种微妙的质量。该书指出，户外空间中的生活是应精心考虑的一种建筑学要素。尽管建筑户外空间生活的特点随着社会条件的改变而发生变化，但在处理公共空间的人文品质时所采用的基本原则和评价标准却没有根本的变化。

国外相关理论研究成果的引介，促使我国学界进入了关注城市发展的高潮期。不少城市空间设计相关学科领域的学人，都开始将关注点投向公共空间景观规划和设计问题，不仅出现了一些设计程序、方法和导则性著作，也不乏从多种人文学科角度上的理论审视。有的成果不仅梳理西方的学术研究和实践经验，同时也在探讨中国国情语境城市公共空间发展的诸多问题。在此，不再枚举。

在当代中国城市化发展进程中，城市公共空间建设的速度加快，效率提升，出现了不少优秀的设计项目，发挥了应有的功能，赢得了公众的认可。但我们也必须理性地认识到，相比西方国家，我国城市现代化的进程是比较晚进的。城市公共空间发展的过程不仅显现出城市政府服务民众的现代化进程，也是国民素质朝向现代化和民主化进步的过程。在农业社会城市形态向工业社会城市形态快速转化的过程中，我们尚缺乏成熟的城市公共空间营建的理论系统和充足的实践经验上的准备。客观地看，我们依然处于对国外实践经验和理论成果的引进、学习阶段，从城市政府部门到普通民众对待城市公共空间景观的认知和理解还有待提高。理论研究的薄弱必然导致实践活动的盲目，无怪乎在我国城市公共空间设计和建造过程中，既有对国外城市空间建设的肤浅的模仿和套用，又缺乏对本土景观文化的重视和借鉴，从而产生了一定的偏差和消极后果。我们尽可以宽容地说，对一个城市化和现代化刚刚启程的国家来说，这是逻辑的必然，需要宽容。然而国家和民众积累的有限财富来之不易，依赖纳税收入的政府资金也经不起城市建设上盲目的折腾。公共资金运转还在依赖单纯的土地财政的地方政府也还不在少数，如何经济、高效、合理地建构具有本土特色的城市公共空间，是每一位决策者、设计者和评估者都应该审慎对待的问题。应该欣喜地看到，近年来我国业界和学术界这方面的理论研究和实践探索逐渐走向纵深，并形成了理性、积极的态势。

　　本书所呈现的内容并非关乎公共空间设计的技术层面，原因是国内外对于公共空间营造的实践经验的著述已委实不少。虽然设计程序和技术操作的层面也是公共空间设计的重要一环，但它始终是设计理念的附属，是观念表达的手段。笔者通过多年现象的观察，借助问题意识的驱动，通过理论层面的逻辑思考，试图向中西景观文化的结构深处探寻可能的解答。诚然这种解答有时难免陷入一种乌托邦式的呓语，但好在笔者对所著并无成"经"为"典"之压力，权作引玉之砖，即我所愿。

　　本书主要分为以下部分：第一章内容试图从空间和景观文化的向度，对城市公共空间和景观概念、内涵和范畴给予阐释。第二章立足于已存在设计现象的描述与评析，力求本着历史的、客观的和辩证的态度，全面审视评价一定时期内中国城市公共空间营构状况，深入地寻找现象背后的历史原因和文化原因。第三章、第四章和第五章则是力求以公允的姿态，问道于中西方景观文化，分析中国本土景观文化在现代的转化可能，正视西方现代景观文化的科学性和合理性。第六章则是基于上述研究，探究本土文化特质的城市景观的发展路径。以上涵盖笔者从景观文化传承、自然及社会环境规约、空间景观发展趋向、发展模式和效率等方面提出的自身看法和设想。

第一章

纳入景观设计范畴的
城市公共空间

第一节
城市公共空间的含义

　　公共空间是一个含义十分宽泛的概念，因国别、文化背景、法律制度不同，而有着不同的理解和意义界定。人们生活中所介入的公共空间有两种：一种是物理的公共空间，一种是社会学意义上的公共空间。物理的公共空间是指采用实体的物质材料建构的供市民日常生活、交流和娱乐的有形空间。而社会学意义上的公共空间则是基于政治上公众参与和个人意见表达层面而言的，这一观念可以上溯到古希腊哲学家亚里士多德在《政治学》一书中的论述。① 笔者所关心的对象主要是前者。

　　从所有权归属层面看，土地财产私有化的国家中，公共空间是相对于私有空间而言的。私有空间在权属上被赋予了法律的神圣性，

---

① 亚里士多德认为，政治社会应该分为两个领域：公共领域和私人领域。公共领域是城邦、国家和城市的法律与政治领域，与私人领域相对，后者主要由家庭和个体身份构成，在公共领域中，公民的统治是无条件的（人们服从自己制定的规则）；在私人领域中，人们可以不受政治规则约束，自由地追逐自己的最大利益。对亚里士多德来说，人是政治动物，只有在城邦中作为公民才能过上好的生活。参见贺羡《批判理论视阈中的协商民主》，重庆出版社2017年版，第4页。

他人不可随意侵犯。而在公有制为主体的国家，公民主要以购买土地使用权的形式获得对于空间的控制和管理，虽然不拥有永久的所有权，但在使用期限内享有充分的处置权利，因此，在空间的管理和使用上仍然可以保持较明确的公共性和私有性的属性区分。

具体到人们的日常生活和交流方面，除去所有权向度上的考量，而转向空间使用心理上的认知，大到一座城市，小到一处家庭住所，依然存在着公共空间和私有（或私密）空间的不同界分。那么究竟如何来界定"公共空间"的范畴呢？这往往要依据不同的情况变化来判定。毫无疑问，场所空间尺度和功能性质决定了公共空间的类型。相对于城市街区，个人住所理所当然被视为私有空间；相比城市中一般性的生活、交流、娱乐和公共服务场所，重要的国家办公部门，如军事、政治、外交、商务或企事业核心机构更具有私密性，这是人们的常识性经验。

当考量的尺度局限在家庭居住空间时，所谓的公共空间不外乎是指供家庭成员和来访者使用的空间，诸如客厅、走廊、餐厅、花园等；再将尺度扩展至某一个街区环境中，餐馆、超市、俱乐部、影院、歌厅、咖啡馆、书店等各类服务性的商业空间至少在其营业期间都可以被视为公共空间；尺度再放大一些，譬如一个城市的空间范围，那么广场、公园、博物馆、体育馆、市政服务中心等则应视为开放属性更强的公共空间。美国学者迈达尼普尔认为，"公共城市空间是一种不由私人个体或组织机构进行控制的空间，因而它是向普通大众开放的空间。这种空间的特点就是为不同群体的人们相互融合提供着机会和可能，不考虑他们在阶级、种族、性别和年龄的差异"[①]。他援引一篇对法律文献的评论文章中的观点说，如果一个空间被看作

---

① ［美］阿里·迈达尼普尔：《城市空间设计 —— 社会 — 空间过程的调查研究》，欧阳文等译，中国建筑工业出版社 2009 年版，第 144 页。

公共空间，所有权和进出权不能看成是对其公共使用的阻碍，尽管对公共进出有着内在本质上的限制。甚至在主要的私密场所，公共进出在大多数时间是能够实现的，如果被否定，那可从法律上寻找到合法性。按照这样的法律逻辑，不仅城市中的市民休闲娱乐空间，绝大多数政府机构场所也都是公共空间。因为它们在法理层面上是容许所有人出入，并可在其中从事权利允许的活动。而且这种空间受控于公共机构，同时在公共利益层面加以规定与管理。然而不得不说，这种法律意义上的公共空间界定与人们日常生活中对公共空间的理解还是有距离的。

对公共空间的概念含义的纠结不清，不仅仅来自上述使用权、归属权和使用心理层面的困扰，空间的物理形态特征也为其范畴厘定带来了一定的麻烦。一般的视觉感知意义上，我们常把城乡居民在日常的生活和交往活动中使用的户外空间都看作公共空间。这一类空间往往给人以视觉上的开放性体验。但空间视觉体验上的开放性和开敞性并不必然决定其为城市的公共空间。在公共空间与开放空间的概念含义的比照和区分中，表现为你中有我，我中有你，纠缠不清。有人提出：公共空间相对于私有、私密空间；开放空间（图1-1、图1-2）相对于封闭空间。实际上，仅仅从字面上理解，开放空间至少应包含两层含义，一是使用权上对公众的开放，二是视觉形态上的开敞或开放。公共空间和开放空间两者之间有含义上的重合，并非存在不可逾越的鸿沟。有的研究者采用英国1906年的《开放空间法》对开放空间的定义，"任何围合或是不围合的用地，其中没有建筑物或者少于二十分之一的用地有建筑物，而剩余用地作公园或娱乐或者是堆放废弃物，或者是不利用"[1]。并在此基础上引申道，开放空间是指那些物理上开敞的空间形态。李德华在其主编高

---

[1]　李德华主编:《城市规划原理》，中国建筑工业出版社2001年版，第149页。

等学校教材《城市规划原理》中总结道:"一些国家的法律和学术研究对开敞空间的含义有相近或不同的解释,如美国1961年房屋法规定开敞空间是'城市区域内任何用来开发或基本上未开发的土地,具有:A.公园和娱乐用的价值;B.土地及其他自然资源保护的价值;C.历史或风景的价值'。克·亚历山大在《建筑模式语言:城镇·建筑·构造》中对开敞空间的定义则是:'任何使人感到舒适、具有自然的屏靠,并可看往更广阔空域的地方,均可以称之为开敞空间。'日本学者高原荣重认为,开敞空间就是公共绿地和私有绿地两大部分组成的空间。我国学者就此也有基本相似的解释。"然而实际上我们所体验的公共空间在物理形态上又有几处是不开敞、不可设计为公园、不可用来娱乐的呢?其实,无论是公共空间还是私有空间在物理形态上都有可能是开敞的,而恰恰是形式上开敞的空间常为公众所利用。这样看,公共空间和开放空间的概念界定只不过是侧重于不同的方面而已,前者强调的是社会性,而后者偏重的是存在形态。事实上,我们很难给公共空间下一个明确的定义或是作一个界限清晰的范围限定。非要分出个青红皂白,可谓难矣,翻来覆去,倒无什么实际意义可言。鉴于此,有人提出公共开放空间之说,亦不失为调和折中的两全美策。

多年来,伴随着城市公共空间的持续建构和使用中出现的各种问题,促发笔者对这方面进行思考。本书研究的初衷,主要是关注服务于大众休闲、交流的城市户外空间的建构。不管这类空间历史上经历了怎样的所有权的承继和变更,至少当下拥有了公共的服务属性。所以,为讨论对象的特性和功能的鲜明起见,本书还是借鉴法国关于公共空间概念的界定,即凡是私有空间之外的即为公共空间。当然,此界定也仅仅是相对的,并不具有绝对的、永恒的涵盖能力,因为事物都是在不断发展的,历史上有些事物曾经被公认是

图1-1　南京中央门火车站广场（南面为玄武湖）

图1-2　东南大学九龙湖校区开放空间

图1-3 曲阜师范大学校园开放空间

谬误，在今天从某种角度去看又变成了正确的。现实证明现代城市中有些在所有权上私有，但却对公众开放的空间在社会性层面上也具有了公共性，如商场、企业、私立学校内用于公众休闲娱乐的场所，这在西方比较普遍。如果硬要纯化公共空间的概念，那恐怕只能是指在所有制上公有、物理形态上开敞，在功能上可为公众使用的空间。然而，现实生活中，不同所有制结构下的国家和地区，同时符合上述要求的公共空间是不多的。因此，笔者以为，不管从所有制，抑或是外在物理形态、使用对象上看，公共空间范围也只能是相对的、动态的。其实，不管是公共空间抑或是开放空间、公共开放空间，概念上的差别，并不影响其表现形式和在人们脑海中总体意象的同一性，如广场（图1-1）、街道、公园、绿地以及居住区、校园（图1-2、图1-3）、养老院、幼稚园、医院等的户外空间，诸如此类。

第二节

城市公共空间发展滞后效应及背景

　　我国正在经历改革开放后城市化进程的又一个关键阶段，一系列人与城市、人与土地、人与人之间的问题开始集中呈现。人对生存方式、情感交流、精神和文化的关注从未像今天这样紧迫。人建造城市，城市也在塑造人，我们需要怎样的生活空间？景观设计作为最直接的工具层面，如何发挥自己的作用？值得我们做出深入的探究。

一、城市公共空间滞后发展的效应

　　伴随着城市化进程的加快，城市人口密度不断增大，相应的配套设施建设却相对滞后。日本著名建筑学家芦原义信在其著作中曾就日本东京当时的状况，呼吁增加公共空间的建设，"的确，东京的市中心有皇宫前广场和日比谷公园那样的大型开敞空间，与其说它们是公共空间，倒不如说它们是大型庭园。皇宫前广场的中央有交通干道穿过，而且那些散植着树木的草地是禁止入内的。另外，日比谷公园的周围完全被树木包围，在规划意图上故意与周边区域相隔绝，其形式仿佛城市中心的一座大型私家庭园。东京迎来国际化的时代，无论何人，都可以随时前往城市中心区域，这就更需要在

市中心设置与原来的公园格调略有差异的公共空间"①。

肯·沃波尔在《"人类健康高于一切"：公共健康、公共政策与绿色空间》一文的结尾总结说："对公园及绿色空间网络做出更多的公共投资并不仅是指关注现有的问题，如儿童肥胖、互联网时代久坐的生活习惯、汽车在交通政策中占据主导地位等。它还包括通过户外生活中更民主、更人性化的社交来培养人们对场所及对他人的情感。正如街道、海滩一样，公园自古以来就是人们欢饮乐宴、寻找快乐的地方。尽管公园与公共空间有时会变成危险地带，但是，正是在这些场合中考验并形成了公共生活的规则与公民权。从这方面来说，公园与公共空间不仅能够在日常生活中提高人们的身体健康水平，而且还能创造出更多的互惠互利的社会生活方式。没有公园与公共空间，就没有美好的未来。"②

当下世界范围内城市化的进程大大加速，这不仅是社会学意义上的现代化表征，更是经济繁荣、技术进步和文明演进的必然的趋向。事实上，不仅是东京，举凡城市化建设进程快的任何国度的城市，都面临着同样的矛盾。一方面是政府财政收入的土地经济依赖，另一方面是房地产商出于利益最大化的动机，对建筑红线内土地的极限式开发，使得公共空间的建设在相当长的时间内被漠视。在几近疯狂的城市化扩张进程中，城市公共空间的发展与城市的扩张极不成正比，这几乎成了一个规律，甚至是定律。由此，不可避免地促生了与城市建设相关的各种非正常现象，涉及人与自然、人与人、人与社会之间的诸多方面，我们权且称之为"城市病"。这类病灶一旦

---

① ［日］芦原义信：《东京的美学 混沌与秩序》，刘彤彤译，华中科技大学出版社2018年版，第90页。

② ［英］凯瑟琳·沃德·汤普森、彭妮·特拉夫罗编著：《开放空间——人性化空间》，章建明等译，中国建筑工业出版社2011年版，第17页。

形成，往往根深蒂固，积重难返，不可不引起有关部门和公众的重视。

（一）人与自然疏离

20世纪末至21世纪初的中国城市建设依然无法摆脱西方现代建筑潮流的影响，高楼大厦的兴建被视为经济繁荣、社会进步的表征。北京、上海、广州、深圳是中国城市建设的领头羊，其次是省会级城市的亦步亦趋。改革开放之初，以现代主义建筑为基础的国际主义建筑大行其道，在中国大地早已全面铺开。此时植根于现代主义建筑，但又试图通过在其上"加点什么"的后现代主义建筑，披着对现代主义批判的外衣也加入进来。虽然让人感到乱花迷眼，但却没有改变其作为现代主义建筑变体的本质。高层建筑形式仍然是其发展的主要组成部分。商业建筑领域，所谓的"亚洲第一高""世界第一高"的竞逐在中国各大城市展开，住宅建筑设计和建造领域的高层化现象更是在最大化追逐商业利益的驱使下成为常态。（图1-4）

高层建筑似乎更彻底地诠释了法国著名建筑设计师勒·柯布西耶关于"建筑是居住的机器"的论断。当时的批评界如此说，"（勒·柯布西耶）提供了诗一般的答案，这是唯一的、每一个人在他的工作中似乎都承认的答案，而且也是一个最实际、最精确的答案。我不知道在现代建筑中还有哪一个有关住宅的定义能比他的住宅是'居住的机器'这个定义更确切、开明。这个定义十分精确，但仍然引起许多批评家的嘲笑，当然它更不仅仅是一个口号。它是现代建筑中最具革命性的定义"[①]。建筑是供人居住的机器，这不仅表现在建筑建造模式和工作机制上，也体现在人们生活其中的切身经验上。建

[①] A. Rossi in Casabella,n 246(1960)n. 4 . 转引自［意］L. 本奈沃洛《西方现代建筑史》，邹德侬、巴竹师、高军译，天津科学技术出版社 1996年版，第403页。

图1-4　上海浦东陆家嘴地区的摩天大楼

筑空间单元的模数化、模块化已然不必多说，空间中各种预制部件组装机制更是鲜明，除此之外还有人们使用机器般的体验。一方面，生活在高楼大厦中的人们，往往沉醉在现代化建筑机器带来的种种便利之中，机械化、自动化、电气化、信息化的生活方式可将人类的多重需求最大限度地予以满足；但另一方面，一旦出现断水、断电、停气之类的故障，人们正常的生活规律立即被打乱，生活陷入麻烦，步行上下高楼足以令人畏惧，不少居民可能不得不在维修期间忍受食物的匮乏和等待的无聊，以及行为方面的约束等煎熬。诚然，栖居在高层建筑中的人们足不出户，就可享受纷至沓来各项服务和便利，但也在无形中消减了人们身体力行地去处理许多事情的动机和意志，人类身体的自然属性也在不知不觉发生退化。不仅如此，相比生活在低层住宅居民，高层建筑的居民与自然环境的接触距离加大并且接触频度减少，缺乏亲近自然、融入自然，鸟语花香的生活体验，更多只是一种望梅止渴式的奢求。

美国学者侯赛尼 (Husaini) 曾开展了一项研究，考察田纳西州纳什维尔市居住在高层老人公寓的老年黑人在社会生活和心理需求方面的幸福程度。他们选择了600名典型测试对象，与住在一般社区住宅的住户作了比较。这项研究集中在人口统计数的变化、社会救助的各种方式、受急性或慢性病严重折磨者和抑郁症患者等方面。研究结果表明，住在高层公寓的老年黑人比与他们作对比分析的社区住户更为脆弱，心理方面的幸福程度比较低些。他们能够获得的社会救助要少些，健康状况也要差些。高层考察对象一般情况是就医频率较高，他们通常处在较为紧张状态，抑郁情绪也较强。他们患精神分裂、轻度恐惧症和至少一项精神错乱的比例也较高。[①]

营建高层城市住宅的趋势依然在加剧，不断地延伸和改变着城市天际线。在这些由钢筋和水泥构筑而成的灰色森林中，人类犹如失去自由的鸟儿，自觉或不自觉地蜷居在建筑材料围合而成的标准的、呆板的、模式化的几何形空间之中。不仅我们赖以遮风避雨的家，整个城市空间都朝着复杂的方向发展。拥挤的生存空间、纵横交错的路网、充斥感官的大量信息正使我们变得无所适从。人们离土地越来越远，离自然越来越远，以至于令人感受不到身为自然之子的那份安闲与和谐。田园牧歌式的生活愿景难以变为现实，云光转换、流水潺潺、鸟鸣啾啾、芳草萋萋带来的外部空间体验，也成为封存在心灵深处理想的记忆表象。在现代化的城市空间中，人们无法逃避作为一种矛盾体的存在。一面蚁族般穿梭在体量巨大的建筑物的阴影之下，一面又沉溺在对人类征服与改造自然的自豪感和优越感之

---

① 参见 [美] 高层建筑和城市环境协会编著《高层建筑设计》，罗福午等译，中国建筑工业出版社1997年版，第317页。

中。面对这样的情形，美国景观建筑师西蒙兹反思道："我们深受建筑之害，身体和精神被禁锢在自己建造的机械的环境中。在生活空间、城市、道路等处于复杂化的情况下，我们陶醉于机械的力量、新的建筑技术和材料，却忽视了人类的需要，违背了其深层的本能。从自然中分离出来，我们几乎忘记了作为一个健康的动物，其生命的活力与辉煌。"① 自然是人类快乐的最本真之源，那么如何在当下的环境中寻找到快乐呢？他认为重新将人类置于保存下来的、人迹罕至的，或者人工模拟的森林，让人类拥有充足的水、土地和天空是不现实的，"因为人类的历史是一个通过不断斗争改善自然条件的历史。经年累月、艰苦卓绝的努力，我们改善了自己的居住条件，保持了更持续多样的食物，扩展对自然要素的控制以改进自己的生活方式"②。因此，唯一可能符合人类自身发展规律的道路，便是既尊重人类改造自然的现实，但又必须对其消极影响进行修正。因此，城市公共空间景观生态品质的改善，已经是刻不容缓的事情。

（二）情感交往危机

城市化进程打破了原有的以宗族、血亲，甚或是民族为纽带来维系的自然乡村聚落格局，而代之以一户户相互分隔的独立生活空间单元。人们进行情感交流的公共空间萎缩了。城市化进程中，土地所有者以及地产商为了追求单位面积土地的最大商业利润，不惜在建筑上追高逐大，尽可能在有限的空间中"安置"最大数量的居民。开发商这种追逐利益最大化的商业心理，体现在每一座城市的旧村

---

① ［美］约翰·O.西蒙兹：《景观设计学——场地规划与设计手册》，俞孔坚等译，中国建筑工业出版社2000年版，第4页。

② ［美］约翰·O.西蒙兹：《景观设计学——场地规划与设计手册》，俞孔坚等译，中国建筑工业出版社2000年版，第5页。

改造安置区住宅建设项目上。三十层以上的住宅建筑比比皆是，原本这片土地上的老住户，被收纳进这些密如蜂窝的空间之中。在开发商开心地数着大把钞票的时候，那些忠厚老诚的农民等待多年后总算是有了现代化的"家"，却永远失去了自己的"园田"。

城市公共空间发展滞后于建筑发展和城市扩张，公众的社会交往和情感交流需求被淹没在利益追逐的洪流中。户外公共空间中，人们常常以轻松自然的交流形式增进相互间的情感，如友人共同散步、逛街，广场长椅上与他人共坐并交谈，甚至哪怕只是自己独坐观看身边的风景。这些都成为个人增加与他人情感、友谊或互信的机会，甚至深化了对外部世界的自然和人文更深入地认知。在丹麦学者扬·盖尔看来此类活动与通过电视、录像或电影完全被动地观察人们的活动相反，在公共空间中的每一个人都身临其境地以一种适当的方式参与其中，这种参与感是非常明确的。

城市公共空间无疑是居民之间日常社会交往的重要场域。扬·盖尔认为："城市公共空间或住宅区中见面的机会和日常活动，为居民间的相互交流创造了条件，使人能置身于众生之中，耳闻目睹人间万象，体验到他人在各种场合下的表现。如果没有户外活动，最低程度的接触就不会出现。介于个人活动与群体活动之间的各种形式也会销声匿迹。孤独与交际之间的界限变得更加明确。人们要么老死不相往来，要么只是在不得已时才有所接触。"①

没有了与外界和他人进行自觉和非自觉交往的合适的场所，许多人打消了出门的动机，被迫选择留在家中。20世纪60年代，在美国诞生了伴随着电视媒体长大的一代人。从他们的成员创作的艺术作品中，可以读出其在这种无奈的现实生活中所体验的孤寂的酸楚和

---

① [丹麦]扬·盖尔：《交往与空间》，何人可译，中国建筑工业出版社2002年版，第21页。

冗繁的艰辛。他们所使用的都是灯箱、电视电影等公众媒介，表现的是原本信息无用化了的个人图像（照片、电影海报、广告和私人照片），对于在信息社会中失去精神家乡的城市人，面对这些无解的图像深受触动，悲从中来而又平添一层失望。[①]这就是在信息化和城市化造成的隔离后，人们的精神状态。人们仿佛是失去了精神和情感家园而漂泊于陌生的建筑森林中的异乡者，渴望并寻求着精神的归宿，却不得不在冷酷的现实中一次次心灰意冷。一些社会学家和人类学家对"现代人"的特征描述是：个性极端化，冷漠，孤独，紧张，心理压力大，略带神经质，并试图从社会、经济、心理、科技、文化诸多层面来解释这些特征的成因。作为物质文化体现之一的城市建筑对人的影响不容忽视，冰冷林立的水泥钢筋森林给人的心理以重压；建筑物的巨大阴影使人感到如蚁类那样卑微。人与人之间的情感交往发生了危机。

不得不指出的是当西方国家意识到问题的严重，着手进行改善的时候，我国许多城市的建设方兴未艾，城市建设中公共空间和人们情感交往需求之间的矛盾还比较突出。一些住宅项目的规划建设还停留在追求商业利益至上的层次上，对社会利益和人文情感缺乏足够的关注，从某种意义上看依然在延续或重复西方国家城市化早期的老路。

（三）社会问题日增

公共空间的缺乏，不仅造成人与自然的疏离、人际间情感交流的缺失，同时也导致了大量社会问题的产生。研究证明，人们在缺乏与自然及他人交流的情况下，往往产生一些心理疾病，如忧郁症、

---

① 参见朱青生《没有人是艺术家，也没有人不是艺术家》，商务印书馆2000年版，第52页。

恐惧症、孤独症以及压力过大造成的精神分裂症等，并进而形成各种生理疾病，例如，忧郁、恐惧不但会引起胃溃疡、胃液分泌不均，长此以往还会引发高血压和糖尿病等；烦躁、易怒，会导致失眠健忘及胃脘神经官能症等。更令人们担忧的是，在家庭中，有的人难以承受上述生理和心理压力，造成精神失常，行为失控，最终以极端形式自残或摧残他人，形成一系列家庭暴力犯罪。相关案例在城市的发生率正呈逐年上升趋势，已经成为不容忽视的社会问题。

"二战"以后，形态简单化和标准化的多层与高层现代建筑成为现代城市发展中的主流建筑模式。汽车的大量出现加剧了城市交通的拥堵，城市生活效率降低。高层住宅在单位空间内集聚大量居民，然而公共空间的建设却相对缺位。勒·柯布西耶曾经尝试的"光辉之城"（图1-5）的规划设计，以及密斯·凡·德·罗所构建的高层住宅集群设计的初衷是为了在有限的城市空间中开辟更多的生态和交往空间。其中，在"光辉之城"的规划设计中，勒·柯布西耶这样描绘到，"而且我们有意与当前的潮流，反其道而行之（当然也不只是为了这个目的），不让行人在空中的步道上行走，而把地面全都留给机动车；我们要把城市中所有的地表土地都收集起来，还给步行的居民。到了那个时候，大地上到处都是草地、树木、运动场和游戏场。将近100％的地表空间都归属于这座城市的居民。而且，由于我们的公寓住宅都被底层架空柱托举到高高的空中，人们就可以在这座城市里四处游荡，畅行无碍。换句话说没有任何一位行人能够与一辆汽车相遇，永远也不会！……这样一来，公园、运动场地、游戏场所等全部围绕在住宅周围。房子下面，将设置有屋顶的游戏场。在居住区域，房屋将覆盖11.4％的地表土地面积，剩下的88.6％都直接暴露在蓝天之下，这就令我们的一个目标成为现实，户外活动场地直接出现在屋子外面，再也没有庭院，再也没有。与现有的模式相反，在光辉城市中，不管从哪个窗口看出去，都将是一望无垠

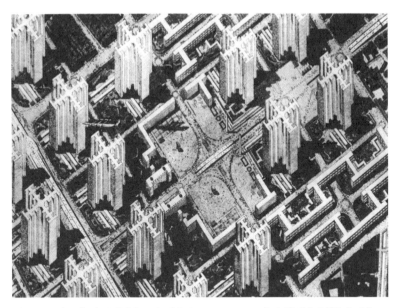

图1-5　勒·柯布西耶"光辉之城"之1922—1925年巴黎的"瓦赞"方案（5％的土地用于建筑，将其他95％的土地解放出来。超高密度，在每公顷的土地上可容纳3200名居民。贫民窟被彻底清除，土地价值翻倍，这里摩天大楼是十字形的，此方案后来有所调整）

的开阔场景"①。柯布西耶的创想，有着很多合理的部分，在现代城市设计中也得到传播和采用，至少一些新建居民区中诸如地下交通和车库空间，地表花园、绿地等得益于其设计构想。但要实现100％的地表空间归属居民，在寸土寸金的大都市中，想要政府部门和房地产商实现这一美好构想，谈何容易。

　　20世纪60年代，现代主义城市建筑的弊病逐渐显现，老城区渐趋衰败，高层住宅区生活质量下降，人员的密集性和人际间的陌生与疏离也为城市犯罪提供了滋生的土壤。由于公共空间的缺少，

① ［法］勒·柯布西耶：《光辉城市》，金秋野、王又佳译，中国建筑工业出版社2011年版，第104页。

导致公共可防卫空间产生盲区，给职业犯罪分子以可乘之机，诱发犯罪。而且因为没有安全的公共空间供市民休闲游憩，人们之间的陌生感和不信任感加剧，社会生活失却应有的生机，进而影响人们的世界观和价值观，最终体现在政治、经济、文化等方面。城市化进程的加快、城市人口密度加大、犯罪率逐年递增、社会交往的渴求、人口老龄化的趋势、休闲时间增多等诸多因素对城市公共空间的数量和质量都提出了新的要求，因而在有限的城市空间中如何适应这些日益增长的新形势，创造与需求相适应的、高质量的城市公共空间是全社会面临的严峻课题。

（四）发展不可持续

可持续发展观作为一个全新的发展观，在1992年里约热内卢联合国环境与发展大会上得到了全球的共识。它是指经济、社会、人口和资源环境的协调发展，既满足当代人不断增长的物质文化生活的需要，又不损害子孙后代生存发展对大气、河水、海洋、土地、森林、矿产等自然资源和环境的需求。公共空间是城市可持续发展的重要组成部分，具有开放性和公共性。开放性有三点积极意义：首先，为将来城市的成长发展作最有价值的未开发空间的准备；其次，在空间结构上具有连续性和可达性，可以改善城市空间的内在品质；最后，公共空间的多功能开放体系是未来城市空间组成模式的基础。公共性是城市公共空间的核心，强调的是城市发展过程中的社会公平和对空间环境的多样化自由选择。

城市公共空间是实体空间构成的时空连续体。现代建筑大师贝聿铭曾经说过："我们只是地球上的旅游者，来去匆匆，但城市是要永远存在下去的。"虽然城市发展过程中，城市的社会生活、经济技术、意识形态、文化背景、环境资源等方面各不相同，但在城市公共空间上所表达的意义，即人类对美好生活的向往是相同的。

城市公共空间的构建，首先应建立在环境生态的基础上，其次是考虑人的尺度。因为人类毕竟是生态系统的能动改造者和环境资源的索取者，而生态系统的自我修复是一个漫长的过程。可持续性在很大程度上是一种自然的状态或过程，不可持续性却往往是社会行为的结果。社会行为的背后即是作为类存在物的人之欲望。城市化发展的进程，来自人的生存和发展的需要，而非自然。因此，城市建设行为无异于在自然原本健康的肌体上施行手术，嵌入异质性的存在，那么在别无选择的情况下，若要手术能够持续，就要一边手术，一边输血。而承载一定生态改善功能的城市公共空间则是我们不得不使用的造血单元。城市，作为人类创造的第二自然方可持续。城市的快速发展使得周边自然生态的内在连续性遭到破坏，导致景观的碎片化。碎片化的景观意味着生物多样性和自身恢复能力的丧失。如果在城市设计中，不再补充诸如绿地、公园等户外公共空间，不再疏浚河道恢复滨水景观和道路隔离区植被，城市势必成为无生机的孤岛。适宜的外部休闲环境的缺失，意味着人们不仅将面临失去锻炼的生活方式，还将遭遇空气质量降低、白噪声增强、热岛效应明显等环境问题，个人健康和公共健康等方面的危机将接踵而来。

公共空间在满足人们改善城市环境气候微循环、日常户外活动和社交的需求，提高居住质量、美化城市景观面貌及保持城市可持续发展上具有不可替代的作用。然而，在中国城市发展的一定时期内，公共空间的发展并未得到重视反而被曲解。先是有相当多的城市社区没有现代意义上的城市公共空间，改革开放以后开始学习西方城市建设，但却因为非理性的城市发展理念，出现了城市公共空间设计和建造上的偏差。结果是许多城市所谓的公共空间建设违反了应有的本质和宗旨，演化成"面子工程"。结果不但破坏了原有城市肌理和自然的和谐，也没起到让公众生活融入自然、加强社会交往的效果，最终走向可持续发展的反面。

公共空间内在含义错误的理解和演绎，乃至建设理念和方式的偏离，是城市可持续发展的悖论。人们需要真正意义上保障城市政治、经济、文化生活及自然资源、生态环境可持续发展的公共空间设计，以满足人们不断增长的交往、娱乐和休闲需求，并实现人与自然的和谐。

二、城市公共空间滞后的背景分析

城市公共空间的缺乏及现有公共空间的功能变异，对自然、人、社会所产生的负面影响，已经引起学术界的高度重视。现象背后隐含着政治、经济、文化等方面的深层原因。

公共空间的被忽视，直接的原因是建筑业的蓬勃兴起。一方面，功能主义建筑标准化的空间复制和建筑的高层化容纳了尽可能多的居民，城市空间人均单位面积缩小，导致公共空间相对减少；另一方面，城市机体不断延伸，在市区地价攀高、用地紧张，不得不向郊区发展，使本可以用于市民游憩休闲的公共空间在绝对意义上减少。而建筑业的兴盛，是轰轰烈烈的城市化进程的重要组成部分。郑光复在其《建筑的革命》一书中提出：在建筑领域出现了3+1次革命的说法。实际上，每次建筑革命都是伴随着城市化的进程而出现的。尤其是在第三次建筑革命中，西方建筑业乘着城市化的东风完成了由手工业建筑向工业化建筑的嬗变，进而成为各国国民经济的重要产业之一。时至今日，房地产业依然是暴利的一个产业。这次革命的初衷尽管是站在为低收入阶层改善住房条件的基点上的，且一定程度上解决了问题，但其所形成的建筑模式和结构却走向了反人性的方向，典型的体现就是城市公共空间缺失。直到这一阶段的尾声，人们才逐渐认识到这种弊端，并开始试图去改变。现在我国正像百年前的西方一样，处在向大工业化发展的进程中，城市化的变革如火如荼，房地产业之间各自为政，画地为牢，只重视本身壮大发展，忽视整体协调和公众利益，致使城市公共空间缺失，走向畸形发展的道路。

城市化是工业革命的结果，生产领域的变革势必引发生活领域的变革。人类生活方式在城市化和工业化联合作用下发生了改变，相应地，新的价值观和生活观形成了。城市化的过程也是各利益集团争夺、分割财富，阶级间争夺领导权的过程。英国的圈地运动和所制定的《反流浪法》便是划分阶层攫取财富的最好证明。这一切，都已上升到了政治的层面，这是城市公共空间缺失的隐性缘由。

城市公共空间的缺失亦与公民在城市生活中的民主参与的积极性不强、政府职能部门不作为、相应法律法规不完善以及规划师的主体创造精神被扼杀等因素有关。20世纪60年代以来，西方的城市政治生活中兴起了公众参与浪潮，70年代初开始影响城市规划专业实践领域。许多西方国家如德国、英国、美国、法国、加拿大等，纷纷于20世纪60年代建立了城市规划的公众参与制度，并在理论与实践的探索中取得了一系列的成果。

20世纪80年代末，随着"以人为本""民主参与"等观念的深入，公众参与的呼声也越来越高，城市规划学界和政府职能部门才渐渐重视公众参与。但这仅仅是初步尝试，决策部门和规划部门专权独断现象依然相当普遍，真正实现公众参与，要走的道路还相当漫长。

第三节
城市公共空间进入景观设计范畴

公共空间的产生有着悠久的历史。氏族社会中人们用来商讨狩猎、分配食物、战争、庆祝狂欢的场所在功能上就具有公共空间的性质，譬如半坡氏族、河姆渡氏族环形居所围合的中间空地。真正意义上的公共空间出现是在奴隶制城邦产生以后。公元前6世纪末，公共空间出现在古希腊雅典，最初是举行宗教仪式和交易的场所，同时也可用于市民日常生活娱乐，这是最早的公共空间的雏形。后来大型建筑环绕在这一场所周围，形成了广场。广场的气势恢宏广阔，周围环绕两层柱廊，加以标志性的宗教建筑，逐渐被视为一种权力的象征，在西方国家普遍推广开来。圣彼得广场是此类广场的典型。它位于梵蒂冈教廷的最东面，广场正面即是圣彼得大教堂（图1-6），并以之得名，其建造的最初原因即是服务于大型宗教活动和商品交易活动。刘易斯·芒福德指出，中世纪城镇的中心是大教堂，由于教堂有大量教徒进进出出，它前面需要有个前院。这个前院一方面满足教众的集聚活动，另一方面也有市场的功能。因为不同于普通的有周期限制的集市，教堂经常而定时地举行礼拜，是居民们常常相聚的地方。在欧洲的许多地方如布鲁塞尔（Brussels）、不来梅（Bremen）、佩鲁贾（Perugia）或锡耶纳，许多市场都是很大的，大到

图1-6 圣彼得广场

不仅可以摆设许许多多的摊位，而且可供公众集会和举行盛典。事实上，中世纪的市场重新起到了古罗马那种广场或市场兼集会场所的作用。[①]18世纪，即使在西方国家几近专制集权的时期，公共空间也依然是一个能够自由表达、相互交流、彼此了解的场所。通过民众在公共空间中的交流形成公共舆论促进了政治的透明化和民主化。而对公共空间重要价值的重新认识和了解，则是在现代。19世纪初逐步形成了相对于私有空间的真正公共空间的概念，其外延不断扩大，广场之外，公园、道路、绿地、开阔地、滨水地带等户外空

---

① 参见 [美] 刘易斯·芒福德《城市发展史 —— 起源、演变和前景》，宋俊岭、倪文彦译，中国建筑工业出版社2005年版，第326—327页。

间也划入公共空间范畴，公共空间同建筑一样，日益成为城市景观的典型体现，成为城市精神和独特文化面貌的重要载体。由此可见，公共空间的范围是随时代的前进而不断扩展的。

景观这一概念，外延十分宽泛，可以囊括人类生存环境中一切视觉可见的事物，包括肉眼看到的及通过仪器看到的一切景象。1939年德国著名生物地理学家托尔（Troll）最早提出"景观生态学"的概念。Troll将景观生态学定义为研究某一景观中生物群落与主要生物群落之间错综复杂的因果反馈关系的学科。他把景观看作"空间的总体和视觉所触及的一切整体"[①]，地球陆圈、生物圈和理性圈都看作这个整体的有机组成部分。因此，强调景观生态学是将航空摄影测量学、地理学和植被生态学结合在一起的综合性研究。

从能被视觉感知的意义上讲，景观包括人类生活空间中存在的所有景观。狭义的学科定义上，景观可以分为天然景观和人文景观。所谓天然景观是指未经人工雕琢、自然天成的景物，如天然的天体、气候、山川、河流、植被以及由这些物体构成的整体空间关系。人文景观则是指人为设计、改造、加工后形成的景观，如园林景观、建筑景观、城市景观等。

从景观设计学这一学科萌芽、发展到成熟，其研究和设计的对象和范畴亦不断扩大，从花园一直到整个地球生态环境。景观设计学是一门建立在广泛的自然科学和人文与艺术学科基础上的应用学科，尤其强调土地的分析，即通过对有关土地以及一切人类户外空间的问题进行科学理性的分析，设计问题的解决方案和解决途径，并监理设计的实现。美国景观设计师协会关于景观设计专业的论述是，"景观设计学是内涵最为丰富的设计职业之一。……事实上，我们的生活中到处都有景观设计师的贡献。景观设计师的业绩经常在

---

① 胡志东、任继文主编:《环境生态学》，白山出版社2003年版，第355页。

下述项目中得到体现，包括新城镇、区域自然系统、城市公共空间、滨水区、写字楼环境、城市广场、公园以及绿色通道等"[1]。由此可见，城市公共空间的设计已经纳入了景观设计的范围。

① 俞孔坚、李迪华主编:《景观设计: 专业　学科与教育》，中国建筑工业出版社 2003年版，第8—9页。

第四节
城市公共空间设计的基本要求

　　城市公共空间是一个复杂的综合体，受到政治、经济、文化艺术等多方面的影响。不同国家和民族对公共空间的认识与评价尺度是不一样的，景观的形态、植物配置、文化符号等，在某个国家或地区是合适的，在另一个国家或地区就有可能受到反对。联合国原秘书长安南曾说过一句意味深长的话，"永远不要以为你比当地人了解得更多"。因此，景观设计师应学会尊重当地的自然条件、人的生理和心理需要。但总的来说，良好的公共空间设计还是有其基本特征的。

一、协调生态环境

　　随着城市建设和改造力度的加大以及人们生活水平的不断提高，对城市公共空间提出了更高的要求。空间设计已不再是单纯的建筑学意义上的空间设计，而是逐步转变成一种人与周边环境关系的设计。生态，作为全球生物赖以生存的基础，在当今高度工业化人类社会的咄咄进逼下，其链条愈来愈脆弱。因此，对生态的重视，关系着人类文明和地球生物的延续与发展的命脉。城市公共空间设计作为人类环境营造的重要组成，对生态性的追求应该成为首要的目标。英国维多利亚时期的著名社会活动家、作家和诗人罗斯金的早期文章中体现了关于城镇的一种理想："街道干干净净，四周是自由的乡间；还有……片片美好的花园和果园，不管从这个城市的哪一点，只需步行几分钟，就能接触到纯净的空气和草地，还可以望见远处的地平线。"①

景观生态学的发展无疑为我们改善城市公共空间的生态状况提供有效的理论支撑。景观生态学是一门新兴的生态学学科，其研究内容、方法和热点都在不断地改变。其研究的重点主要集中在下列几个方面：(1) 空间异质性②或格局的形成和动态及其与生态学过程的相互作用；(2) 格局 — 过程 — 尺度之间的相互关系；(3) 景观的等级结构和功能特征以及尺度推绎问题；(4) 人类活动与景观结构、功能的相互关系；(5) 景观异质性（或多样性）的维持和管理。③ 其中，人类活动与景观结构、功能的相互关系研究中，城市发展和建筑类活动应属于重要的研究部分。城市公共空间设计应与生态构建紧密的关系，遵循自然的规律。

二、重视人性需求

人本主义设计方法论是20世纪60年代以来三大设计方法论流

---

① ［意］L. 本奈沃洛：《西方现代建筑史》，邹德侬、巴竹师、高军译，天津科学技术出版社1996年版，第325页。

② 空间异质性 (spatial heterogeneity)，生态学名词，是指某种生态学变量在空间分布上的不均匀性及复杂程度。

③ 参见邬建国《景观生态学 —— 格局、过程、尺度与等级》，高等教育出版社2000年版，第7页。

派之一，从以人为本的角度展开设计方法和道路的思索，至今仍具有十分积极的时代价值。现在看来，以人为万物的尺度作为设计服务的核心固然显得有些偏颇和狭隘，但无可否认在人类设计行为关涉的某些领域，这一观念仍然有其充分的实施基础。人性化设计思想，依然以人的需求作为主要的因素来考虑，但却取消了"人本主义设计"之"本"字所含有的优先性和唯一性的意指。人性化设计与对自然的保护之间并不构成一对矛盾，这或许就是它的进步意义和积极价值之所在。

就城市环境设计本身来言，城市就是人类创造的第二自然，是人类社会生活的舞台和发生地，其环境空间的塑造则必然以人为中心来考虑，然后方可兼顾其他。关注人性，主要涉及对人的社会交往、安全、认同、便利、尊严、娱乐等诸多方面的尊重。人与环境之间，是一种相互形塑的关系。之前，很多城市公园还是作为城市生活的一种资源而存在，门票收入还是当地财政的来源之一。随着西方城市开放空间理念的传入，我国不少城市开始免费开放公园或风景区。此外，绿地、广场、社区户外公共空间开始承载市民更为多样的生活。（图1-7）多样化公共生活的出现改变了人们的生活方式，早晨或晚饭后许多人愿意离开室内，到公园或广场健身、娱乐及与他人交谈。对年轻人来说，有的公园不仅是约会的场所、婚纱摄影的取景地，甚至可以成为婚礼的舞台。（图1-8）公共空间的开放性和民主性的提升，归根结底是对人性需求的关注。然而若干年前，类似于园林婚礼这样在西方司空见惯的事情，在中国的城市公园中却是不被允许的。

城市公共空间设计要考虑到人的生理和心理需求，例如安全、舒适、自由和审美体验等方面。《人性场所》一书中提到了斯蒂芬·卡尔在其专著《公共空间》中对良好公共空间设计的要求：1.公共空间应该敏感(responsive)——它的设计和管理应服务于使用者的需求。

图1-7 济南泉城广场的春节活动

图1-8 城市绿地中的婚礼现场

2. 民主（democratic）——所有人群都可使用，保证行动自由。3. 富于意义（meaningful）——允许人们在场所与人们的切身生活和更广阔的世界之间建立深厚的联系纽带。① 以上人性化要求可作为对城市公共空间设计的基本评价尺度。

城市空间既然是市民的活动场所，设计部门便应该充分听取他们对于景观建构的呼声。当然任何设计都不可能是完美无缺的，但在城市的发展过程中，决策者应虚怀若谷，接纳民众关于环境改善的合理建议。当前市民参与市政的舆论空间已然存在，政府机构完全可以采取多种方式收集和吸纳市民的意见或建议，只要他们愿意这样做。

三、映现艺术意识

在满足前两种要求的基础上，人们还要求城市公共空间设计具有艺术性。C. 西特② 曾对当时所在的新城市的景观作过观察，并注意到了它的缺点：如单调和极端规则化，为达到对称而不惜任何代价，没有很好地利用空间 —— 空间关系没有相互联系，和周围的建筑不相称。他还将这些缺点和旧城市的优点，特别是中世纪城市的优点进行对比，后者建筑物的组合既别致又功能化，布局不对称，空间的层次和建筑物完美地联系在一起。对于当时兴起的所谓城市建筑的"现代系统"，他有这样的批判："用井井有条的手法严格地处理一切；不去动事先定下的格局的一根毫毛，直到把创造力扼杀到无影

---

① 参见 [美] 克莱尔·库珀·马库斯等编著《人性场所 —— 城市开放空间设计导则》，中国建筑工业出版社2001年版，第7页。

② C. 西特 (Camillo Sitte, 1843—1903) 是奥地利建筑师，曾担任萨尔斯堡国立工学院的领导工作，写过数不清的关于宗教建筑物和奥地利几个城市发展规划的文章，曾多次游历欧洲和东方，是一位学识渊博的历史文化教授。1889年，他出版了一本题为《城市规划的艺术原则》的小册子，这本书影响很大，使他一举成名。

无踪，使生活的欢乐窒息而亡——这就是我们时代的标志。有三种主要的城市规划方法和几种次要的方法可供我们任意使用。三种主要方法是方格系统、辐射系统和三角系统。从艺术上讲，三个之中没有一个是令人感兴趣的，都只限于安排街道格局，所以说，其意图从开始就纯粹是技术性的。一个街道网仅仅解决交通问题，根本不是艺术，因为一向不能从感觉上来理解，也从不能抓住总体，当然看街道平面图除外。正是由于这个原因，所以我们讨论至此还未提到街道网，也未提到古代雅典、罗马、纽伦堡或威尼斯的街道网。它们和艺术毫不相干，因为从整体上讲，它们是不可理解的。只有那种观者可以看得见的东西，才具有艺术重要性，比如一条街道或一个广场。"①在西特那里，艺术家对城市空间建设的参与是十分必要的。完全遵循几何模式的城市设计必然是令人感到乏味的。城市公共空间尤其如此，即使不能完全让艺术家来设计城市空间，至少也要为他们保留艺术化设计的一定份额。当现在机械单调的城市公共空间景观令人兴趣全无时，我们再来回味这位生活在19世纪末20世纪初的建筑师的话语，应该感到不无道理。尽管他当时面对的是工业化城市的初期，但这种敏锐的感知和洞察力，还是令人钦佩。让我们再重温他的卓越见地，"在合适的条件下，不论选择什么样的街道网，都可以取得艺术效果，但千万不要真的粗野滥用这些格局，因为那是西北部城市的特征，可是每每不幸的是这已成为我们中间的时尚，假如交通专家只让艺术家从他的路肩上窥望，或时常把他的指南针和制图板搁置一旁，那么从艺术上进行构思的街道和广场，即使在方格系统里也会遭到曲解。人们是能够在艺术性和实用性之间建立和平共处基础的，只要这种希望不灭。艺术家为了达到他的

---

① ［意］L. 本奈沃洛:《西方现代建筑史》，邹德侬、巴竹师、高军译，天津科学技术出版社1996年版，第324页。

目的，毕竟只需要几条主要的街道和几个广场；其余的事情他还是乐于让给交通和日常的物质需要。生活在街区里的广大群众必定乐于生计，城市的这些地方可以看上去穿着工作服。可是，主要的广场和干道必须穿'节日盛装'，以便成为市民的骄傲和欢乐，在我们成长着的年青一代中永远培养伟大和高尚的情操"①。这样的设想或许在当时显得十分理想化而未能呈现，那么可以说，当下的城市建设在经历了现代建筑的种种实验而令城市浮现出诸多疲态之时，是时候该回望历史，汲取西特这类建筑师的真知灼见了。

以上仅是从城市公共空间景观设计的规划层面来看，艺术意识的介入是不可或缺的。在具体景观的细部设计和营造上，艺术的形式语言的重要性就显得更加突出。在社会上专业的建筑师和城市规划师出现之前，人类生活中并不缺少优美的城市景观意象。从事城市和建筑空间营造的多是无名工匠，在技艺上是师徒传授的方式，他们在日常社会中的身份是瓦匠、石匠、木匠、画匠、雕刻匠。就建筑方面说，工匠们拥有一定的娴熟技术和相关工程知识，足以应付常规建筑的程式化建造。但要创造出一种新颖的建筑形式，根本上还是离不开他们在艺术上的修养。不管中西方建筑空间，其美学品质的高下，往往在一砖一瓦、一件雕饰上见出高下。艺术的创造性思维是工程经验所不能替代的。一座城市最有魅力的城市空间往往集中在那些被人从艺术上称道的建筑或街区所在地，而非那些冷漠的几何体形态的高楼大厦附近。今天，不少规划师和建筑师以所接受的系统化工程科学教育为傲，似乎可以拉开自身职业与匠人的距离。工程中的科学和理性思维之地位无可厚非，但艺术的缺席必定会是不完美的。尽管在当下，以艺术为能事的工匠左右一项工程几

---

① [意]L.本奈沃洛:《西方现代建筑史》，邹德侬、巴竹师、高军译，天津科学技术出版社1996年版，第324页。

无可能，但任何一项公共空间景观工程，尤其是细部的营造，没有艺术思维的辐射，难以成为有审美品位和人文温度的使用场所。

人是社会性的动物，需要同他人建立联系和交流；人又是文化的动物，有对包括艺术在内的文化的追求。景观是一个主客两分的概念，本身就暗含了人对外界环境的精神观照。毫无疑问，景观设计和营建是工程，强调技术，但其建成环境给人的体验不应如工厂那般，更应趋向艺术作品，究其本质，这是一门实用性极强的景观艺术。

美国景观建筑师科克伍德指出：景观建筑学的根源属于"美术"或"实用艺术"范畴，而且景观建筑设计的整体表现离不开细部建造的艺术性。下面这段话将其观点显露无遗，"在同时考虑同样重要的景观建筑细部（精美的肌理）和整体概念（广阔的场景）时，这若干对相对应的概念可以统一于景观建筑设计的整体表现。在这里，通过对景观建筑细部形式的研究，实用艺术与技术，实际的与平常的关注也被视为设计探索的切实可行的方法。此外，通过景观建筑细部，对形式、结构和表达的关注聚焦于作为美术与设计的外观的'制作'，在景观建筑细部中，理论上的、完美的实用美术和艺术成为一个整体"[①]。

景观艺术应与姊妹艺术特别是美术形式之间保有密切的联系，并时常能从后者之形式中获取有益的借鉴。历史地看，中西方传统景观可以说是包罗万象的艺术宝库，建筑、雕塑、文学、绘画、音乐等纷纷参与其中。而现代城市公共空间设计从诞生之日起，就不断地从传统艺术和现代艺术中汲取丰富的形式语言，从而形成了今天五光十色、多彩多姿的城市景观面貌。

---

① ［美］尼尔·科克伍德：《景观建筑细部的艺术——基础、实践与案例研究》，杨晓龙译，中国建筑工业出版社2005年版，第331页。

第二章

当代中国城市公共空间设计

第一节
非理性建设阶段

20世纪80年代初，我国国门大开，改革开放，发展经济成为举国上下第一要务。一时，西方国家的政治、经济、文化各方面的信息如潮水般涌入。长期关起门来搞建设的国人开始意识到了与国外的差距，而奋起直追。伴随着改革开放，我国城市化进程总体上也得以正常的展开。然而，我们不能否认，这一进程存在着先天不足。首先，落后的经济起点使我国城市化水平总体偏低。其次，相对于经济发展和工业化的水准而言，我国城市化进程严重滞后。最后，城市的质量不尽如人意。至21世纪初，经过20多年的开放搞活，中国经济实力逐步增强，但包括公共休闲娱乐空间等设施在内的城市总体面貌与经济发展的步调不一致，成为民众普遍关心的问题。许多城市缺乏甚至根本没有基本的供市民休闲娱乐的公共空间，市民对丰富精神文化生活的要求还得不到满足。

类似百年前经过南北战争后经济逐步复苏、繁荣起来的美国，无论是出于政治目的还是经济目的，步入经济快车道的中国也急于将自己的建设成就展示给世界。立竿见影的方法就是改变落后的城市面貌，在城市建设方向上跟上发达国家的步伐。大批干部出国参观、考察，开阔了眼界，增长了见识，同时也学到了有利于改进和发展我国城市空间景观建设的经验。经过较短时间的建设，我国大量城市得以旧貌换新颜，出现了相当数量和规模的城市公共空间。与前相比，城市公共空间建设不仅在量上得到提高，质上也发生了根本性的变化，涌现出一些市民喜爱和满意的休闲、娱乐和交往场所。然而，在城市建设前进和公共场所与设施快速发展的同时，我们也不得不正视出现的一些问题，那就是我国城市公共空间设计和建设在一定程度上已经走入了误区。这一时期可以称之为非理性建设阶段。所谓"非理性"，指的并非施政者在确定某个项目并组织工程技术实施方面的盲目，而是指在公共空间的本质、功能、形式、审美等文化方面的认知偏差导致的非理性发展。

一、非理性阶段的表征

在非理性建设阶段中，城市公共空间设计与市政建设亦步亦趋，数量上快速增多，规模上相互攀比，使本来应根据城市大小、市民数量和使用目的等现实情况而定的公共场所在数量和规模上失去理性的控制，对待自然资源和文化资源手段粗暴，形式上一味求洋，使用功能低下，主要表现在下面一些项目建设上。

（一）城市广场

"忽如一夜春风来，千树万树梨花开"，在我国广阔的地域上，城市广场如雨后春笋般冒了出来。不管是直辖市、省会城市、地区城市、县级城市甚或是区域经济发展较好的乡镇都开始兴建广场，作为展示经济发展成就的"门面"，并被冠之以"文化广场""世纪广场""市民广场"等名号。（图2-1、图2-2、图2-3、图2-4）公众在解决温饱后对能有理想的休闲、娱乐、交往场所的渴求可想而知，然而，建成后的广场却难尽如人意，有下列表现：1. 尺度上为求壮观，

图2-1 江苏某城市的广场

图2-2 建在某机关办公楼前的广场

不惜耗巨资将"蛋糕"做大，市区内占地几十亩的广场比比皆是。有的城市为求老城区改头换面，不惜动用大量人力、物力和财力拆迁当地住户，破坏了原有的城市结构和居民社会结构。在一些城市开

图2-3 山东某市的世纪广场

图2-4 山东某市的广场华表和文化柱

发的新区，占地几百亩的广场毫不稀奇，人处其中，甚至一眼望不
到边际。原因是新区主要占用城市郊区的土地，征地费用与老城区
拆迁民房费用相比要少得多，更可以甩手大干一场。大量正在耕作

的良田被占用，有的还往往因建设资金暂时不到位，长期撂荒，杂草丛生，少至一年，多至几年。2. 材料上，软质界面多采用草坪，有的甚至引进进口草坪。为使草坪均相整齐划一，绝大多数禁止市民进入。本来，种植草坪的用途之一就是供市民踩踏其上，偃仰坐跑，亲近自然，而如此一来，便失去本来功用，仅仅用来满足视觉欣赏。硬质铺装往往力求豪华，采用大面积刨光花岗岩和大理石铺地。炎炎烈日下，眩光闪闪，刺人眼目；地温灼灼，连蚂蚁尚不敢光顾；雨雪过后，地面湿滑，人处其上，举步艰难。3. 多数广场设计只重视平面效果，而忽视立体空间绿化和视景。缺乏应有的遮阴树木，致使市民在夏季白天不敢光顾，晚上难耐地表热气蒸腾，使用效用可谓大打折扣。4. 配套设施奢侈铺张，不少广场设置大型喷泉系统，不惜远距离引水，劳民伤财。然而又有不少喷泉设施由于耗电严重，维护资金难以支持，不得不长时间闲置，只在节庆日期间等水雾喷溅、大放异彩，不能够为市民的日常生活服务，只求上档次，图排场，失去广场最基本的为大众日常生活提供休息、娱乐、交往、游憩的功能。(图2–5、图2–6) 5. 养护队伍庞大。一处大型广场，需要不下几十人的维护队伍才得以运转，管道工、水电工、清洁工、治安人员等，五脏俱全，俨然一个像模像样的独立单位。6. 设计风格上，主要套用西方广场模式，追求几何化、图案化、形式美，不顾及本民族生活习惯和审美传统，抹杀了地方和民族特色，让人不知身处何地。这种做法出现在新兴城市中倒无可厚非，遗憾的是在一些拥有丰富而悠久的历史文化景观资源的古城中也被生硬地搬用，搞出一些非驴非马的东西，破坏了宝贵的城市文脉，实在令人匪夷所思。

图2-5　江苏某市市民广场上的喷泉系统

图2-6　山东某市广场上的喷泉系统

（二）景观大道

不仅大兴城市广场，各地还普遍扩建体现物质文明和精神文明成果的景观大道。景观大道的做法最初是在法国和英国兴起，后被西方国家广泛借鉴而流行。经过出国考察学习，我国城市建设的决策者们把这一体现发达国家文明的"先进形式"带回国内。城市不论大小，皆以拥有景观大道为荣耀，主要有下列特点：1.道路越宽越好。不顾城市老区保留的农业社会城市结构特点，破坏性扩展，房挡则拆房，树阻则斩树，有碍大道建设的，一律让路。2.越直越好。景观大道讲究视线通畅，一览无余，常作为城市的中轴线。原有历史遗存的道路网络显然已不合时宜，于是代之以贯穿城市的笔直路线。许多饶有人情趣味和历史文化典故的城市巷道，被粗暴地推平、截断。3.为车辆交通而设计。扩展后的景观大道，往往是为了机动车交通的顺畅，似乎非如此不足以提高城市效率和现代生活的节奏。莫什·萨夫迪在其著作《后汽车时代的城市》中认为，"小汽车同时毁灭了老的与年轻的城市的物质结构。老城市不得不使其中心城适应于那种初建时无法想象的交通量"[1]。而这种以汽车为中心的设计却漠视了以步行为主的缓速交通，人们穿越街道时，危险概率大大增加。4.突出展示性和纪念性。道路两侧常常需要布置体量较大的建筑，但建设资金常常与规划设想差距很大，短时间难以形成规模形象，结果是景观大道两旁的建筑新旧不一，风格混乱，无法形成和谐的整体效果。

（三）滨水地带

几乎每一个城市都有自己自然的或人工的水系。在城市发展的

---

[1] ［美］莫什·萨夫迪：《后汽车时代的城市》，吴越译，人民文学出版社2001年版，第4页。

进程中，关于河流或湖泊的传说和发生的故事使她拥有了美好的文化内涵；自然水系天然拥有完整的生态系统，而人工水系在长时期存在和演化中也拥有了自身的生态系统，成为乡土生物的栖息地；有的水系在历史上甚或是现在还负载着重要的交通运输功能，如京杭大运河流经东部许多历史上经济文化发达的城市，是涵孕丰富古代城市文化的载体。可以说，城市水系是城市景观的魂魄，代表一个城市独特的韵味和情致。水体能满足市民亲水的心理需求，钓鱼、游泳、划船、观赏是人们喜爱的休闲消遣方式。滨水地带更是人们小坐、聊天、野营、学习的首选场所。然而，在以往的城市建设中，却没有合理地利用和维护它。不但有废水排放、垃圾倾倒等城市工业化过程中对其的污染，河流自身流动过程中也会发生淤泥阻塞现象，需要彻底治理。当前有的城市为改变这种状态而采用的方法，却实在令人愕然。手段之一是填平。不是有污染吗？索性将其填平，用作建设用地，修马路，建楼房，搞绿化。结果"在填去水系的同时，也填去了城市中最具生命的部分，填去了儿童的梦境，填去了城市的诗意，也填去多少人所以称某一地方为家的维系和认同感"①。殊不知西方国家正为实现可持续发展的城市，掀起一个重新挖掘以往填去的水系，再塑城中自然景观的热潮。我国的建设也非要重复这一过程吗？第二种办法是覆盖，明河变暗渠，上面走车流、人流而不耽误下面的水流。似乎是做到了两全其美，但结果是人们看不到水的动态、听不到水声叮咚。第三种是斩断。城市的水系，既是一个与城郊湿地、湖泊和山林形成的景观整体，多种乡土生物的栖息地和通道，同时也是城市居民连续的锻炼休闲空间和欣赏环境空间。斩断这一连续的水体可以方便其他建设项目，却使本来灵动的、可以自洁的活水变

① 俞孔坚、李迪华：《城市景观之路 —— 与市长们交流》，中国建筑工业出版社2003年版，第91页。

成了死水、臭水，实在是舍本逐末。第四种是钢筋水泥护岸，裁弯取直。片面强调水系的防洪、泄洪和排污功能，以钢筋水泥护堤岸、铺河床，以此将水系降服。作为生命有机的自然水系是一个生态系统，水泥铺底和护岸后，使水系与土地及其生物环境脱节，失去自净能力，水污染的速度反而更快。自然水系随地势高低改变形态和流向，或激或缓，形成丰富的水际线，景观审美价值极高。裁弯取直，虽利于导洪，但损害了生物衍生空间，破坏了审美价值。

上述做法皆为治标不治本，根本办法是消除、截留、净化污水，还其自然状态，开发文化、休闲功能，变其为城市特色。决不应为了单纯的美化、卫生和防洪目的，将城市中最具灵气的自然景观元素糟蹋，而应以生态为主线，综合环境保护、休闲、文化及感知需求进行治理。

（四）城市公园

城市化进程加快，城市居民增加，与之配套的公共空间相对不足，兴建公园有利缓解这一矛盾，本无可厚非，但问题也层出不穷。表现在：1. 真正意义上的公园是为人们的日常生活提供精神放松、恢复活力、融入自然、加强社会交往的空间，而一些城市的做法却是，围墙高筑，大门气派豪华，突出纪念性、展示性。设计方法机械、单调，追求形式，画地为牢，将公园从城市空间中独立出来，把公园作为整个城市形象的代表来做。集中全市的财力、物力、人力，做精做细，或许这就是所谓的"精品工程"。公园建好后收取门票，以供主题游乐，而不是将精力放在改善城市的每一个部分提高城市整体景观质量，以满足所有公众的休闲、娱乐和交往的需要。从利用率上看，主题公园要远远低于邻里公园，除了居住在周边的人们外，并不是每个市民每天都有条件和时间专程到主题公园休息游玩，而紧紧围绕工作和住地的邻里公园却是几乎每天都要使用的。2. 有些主题公园是在拆迁居民后的土地上营建的，由于基址上没有生态背景，改建成公园时进行大量绿化造景是完全必要的，但不能让人理解的是有些本来具有协调生态系统的郊外山地或林地在纳入公园规划后也被滥施人工。似乎园中没有奇花异卉就不成为公园，于是砍掉乡土落叶乔木换上常青树，铲除本地灌木代之以异国灌木，乡土杂草地被换成引进草坪。没山造山，缺水挖河，无桥建桥，极尽人工之能事。本来自然天成的山林地，被雕琢得面目全非，处处显露人工痕迹，第一自然变成第二自然以至于非自然。3.大造人工景点，如水泥砌金佛、人工水帘洞、魔宫、未来世界、时光隧道等。4.设计手法上，也以借鉴西方园林风格为多。与广场一样，几何性的、装饰性的元素充斥其间，小型仿西式建筑、花岗岩或大理石道路铺装、昂贵的西方古典式样照明设施布置其中，凸显富贵豪华气派。

（五）住宅区户外空间

住宅区户外空间应包括单体住宅建筑之间的非私有的开阔空间和社区内的邻里公园。好的住宅区户外空间可以优化社区的生态环境和文化环境，为居民提供就近休闲、娱乐、交往的场所，有助于居住者的身心健康。而目前，我国居民住宅区户外空间的景观设计现状亦不理想，表现在：1.规划滞后，设计意识差。地产商在最大限度地利用红线内的每一寸土地用来扩大建筑面积，先期缺少关于住宅区户外空间景观的规划和设计，工程竣工后，再用景观元素来"填空"，结果是居住区建筑和广场、公园、绿地等公共空间彼此分离，没有形成整体连续的社区环境。这一现象尤其在中小城市和经济落后城市多见。2.预先有规划，但设计导向不正。有些社区事先对公共空间做了规划，但设计却背离服务大众的宗旨，即设计不能为居住者日常生活服务，要么是为了树"样板"、显政绩，要么是追求商业效益，吸引购房客户。3.非"人性化"设计。在上述出发点上，设计必然误入歧途，花坛、草坪、树雕、瓷砖、喷泉，极尽奢侈豪华，遗憾的是多数场所没有大体量的遮阴树木供人休息，对老年人的交往空间、青年人的锻炼空间、儿童的游乐设施也没有给予应有的重视。4.欧陆风格的居住区建筑和景观在一些地方方兴未艾，并仍呈蔓延趋势，既不考虑文化审美习惯也不考虑实际效用，利用率也相当低。（图2-7、图2-8、图2-9）图2-8所示的小区因资金链断裂，亦有坊间传言开发商卷款跑路，导致二期、三期工程烂尾三年，业主无奈集体维权。后经政府协调，于2018年复工。事件暴露了房产商以西方建筑和景观风格作噱头，疯狂拿地、售房，遇到资金危机，不顾社会影响的逐利本质。

此外在住宅区户外空间的设计上，还出现了阶层性的分化，如别墅区的户外景观从面积到设计的水平乃至施工的质量普遍高于一般商品房小区的户外景观，而商品房小区的景观又优于回迁房的户外景观设计。这种现象的出现，是以财富为标准对居住人群的划分。

图2-7　山东某市正在建设的欧陆风格小区大门

图2-8　山东某市欧陆风格的住宅区大门

图2-9　山东某市欧陆风格的住宅区大门两侧

二、非理性特征总结

综上所述可以发现，当前城市公共空间设计中的非理性特征是：1.盲目攀比西方国家广场、景观大道等公共空间的大尺度，占用大片土地，使人均土地资源本已紧张的状况更为加剧。2.脱离现实的发展阶段，一定程度上单方面追求城市形象的快速改变，热衷于追求豪华、高贵和奢侈，没能做到城市景观建设量力而为。3.杀鸡取卵，在破坏中建设，眼光短浅，不顾后代，不讲生态，不能使城市可持续发展。4.不加取舍地照搬套用欧洲古典主义景观设计风格，使得千城一面，抹杀了或正在抹杀中国城市景观文化的地域性特色，失去了对本土景观语汇的有效传承。

三、非理性原因分析

我国城市公共空间设计中的非理性现象的产生，原因是复杂的，既有内部因素也有外部因素，更有意识领域方面的缘由。以下分别从客观和主观两方面进行剖析。

（一）客观原因

城市公共空间的设计作为城市设计的有机组成部分，是与城市的建设和发展进程密切联系的。

从国内来看，新中国成立后的30年我国实施控制性的城市发展政策，使城市化进程和城市硬件建设严重滞后。新中国成立初期的大多数城市，工业化和城市化程度偏低，发展也不平衡。这时的居住条件和生活条件较差，在基本生存条件还未解决的前提下，是谈不上所谓休闲和对公共性的活动场所的需求的。1953—1957年，我国在城市规划与建设上引入了"苏联模式"，伴随着大规模工业建设和手工业、工商业的社会主义改造，城市建设成就也达到了历史上前所未有的高度。紧接着由于政治经济的起伏变动，城市建设也经历了动荡和中断的时期。从中央计划会议草率地宣布"三年不搞城市规划"到内地建设实行"进山、分散、隐蔽"的"三线"建设方针，再到"文革"开始后"见缝插针"和"干打垒"口号的提出，至此，中国城市建设基本处于中断和停滞状态。直至十一届三中全会后，城市规划与建设才又得到了重视，1980年10月提出了"控制大城市规模，合理发展中等城市，积极发展小城市"的发展方针。^①综观这一过程，可以说，我国的最基本的城市化进程还未能有效地开展和完善，城市公共空间的设计实际上处于被忽视、被搁置的状态。

改革开放后，随着城市化进程加快，城市人口急剧膨胀，城市承受压力加大，城市功能相对低下，如环境恶劣、交通拥挤、住房紧张、公共空间严重不足。至21世纪初，经过20多年改革开放，我国经济实力大大增强，有了一定余力进行城市环境的改善。城市建设既有利于改善人们生活质量，同时也有利于吸引外资加快经济发展。同美国当年一样，我国急于向世界展示其发展成就，于是，20世纪90年代以来，大规模城市建设蓬勃兴起，出现了上文所述的城市公共空间设计中的种种不正常现象，造成了滥占土地、破坏生态、浪费建设资金等现象。客观分析这种现象的发生是有其历史必然性的，对西方城市建设经验的借鉴，并不是近年才发生的。早在新中国成立初期的50年代，我国在国际政治上实行"一边倒"，开始接受苏联在城市建设中提出的"社会主义的内容，民族的形式"的口号，在城市规划中强调平面构图、立体轮廓，讲究轴线、对称、放射路、对景、双周边街坊街景等古典形式主义手法；城市建设中就出现了"规模过大，

① 参见潘谷西主编《中国建筑史》，中国建筑工业出版社2004年版，第407—410页。

占地过多，求新过急，标准过高"的"四过"现象，忽视工程经济等问题。[①]而苏联城市建设中的手法又是汲取了西欧的古典主义的营养，比如其城市规划和景观设计风格在18世纪就采用了法国古典园林的规划方法，主要代表是圣彼得堡。至于"四过"现象，这在当时的西方国家已经是稀松平常，不值得大惊小怪了。所以，从实质上说，新中国成立以后，我国的城市建设就开始了对西方国家的借鉴，而在具体运用时，却由于不能合理取舍和因时因地制宜，才出现了种种非理性现象。

从国际上看，西方国家经过一百多年工业化和现代化的发展，成果斐然，经济发达，人民生活富足，城市建设水平和城市面貌比中国领先了巨大的优势。18世纪初，西方国家开始了城市改扩建过程。法国于1793年、英国于1811年分别对巴黎和伦敦进行城市面貌的改建和整治工作，可谓是现代社会美化城市景观的先声。此后100多年，关于城市空间的规划与建设，西方国家出现了不少新的思想和理论。法国建筑师托尼·加涅提出了工业城市的理论，西班牙工程师玛塔提出了带状城市的构想，英国社会活动家埃比尼泽·霍华德提出了"田园城市"的设想。此时期，空想社会主义者罗伯特·欧文、查尔斯·傅立叶、约翰·诺伊斯还试验了1516年托马斯·莫尔提出的"乌托邦"城市。其中，霍华德提出的"田园城市"的思想得到了广泛的欢迎和称赞，美国和欧洲许多国家纷纷效仿。（图2-10、图2-11、图2-12、图2-13）。

从1858年"景观设计师"这一职业称号在奥姆斯特德的坚持下第一次在纽约中央公园委员会使用，到1900年，由奥姆斯特德的儿子F.L.Olmsted.Jr和A.A.Sharcliff首次在哈佛大学开设了景观规划设计专业课程，景观规划设计的研究和工作范围进一步开拓，除城市

---

① 参见潘谷西主编《中国建筑史》，中国建筑工业出版社2004年版，第409页。

图2-10 《明日的田园城市》书影

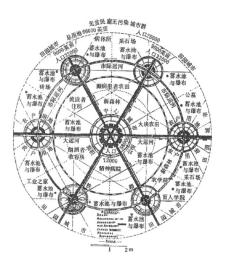

图2-11 霍华德构思的城市组群

图2-12 城乡接合的田园城市简图

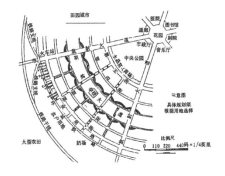

图2-13 1/6片段的田园城市示意图

公园、绿地、广场、校园、居住区等空间外，还囊括了农场、地产开发、国家公园、城乡风景道路、高速公路系统，最后朝着设计整个人居环境前进。直至《设计遵从自然》（图2-14）（另译《设计结合自然》）的作者——宾希法尼亚大学景观设计学系的麦克哈格教授扛起生态规划的大旗，走向拯救城市和最终拯救地球与人类的最前沿。

可以说，西方国家的景观设计经历了一个萌芽、发展、壮大、

图2-14　麦克哈格著
《设计结合自然》书影

成熟的过程，积累了丰富的实践经验且建立了比较完善的设计理论。随着国际间意识形态差别对文化交流障碍作用的逐步消除，我国开始大量吸纳和借鉴国外先进的建筑理论和城市建设经验用以改变落后的城市面貌。城市建设决策者在国外短期的参观和考察，难以对国外公共空间设计进行深入体察和研究，而只留下对西方城市一些直觉的印象。往往令其感兴趣和印象深刻的是西方国家作为文物和遗产保护的那些城市景观，如意大利的圣马可广场和法国的香榭丽舍大道与凯旋门等。这种蜻蜓点水式的参观学习，不可能真正了解分布于西方城市中与人们生活息息相关的公共空间设计。基于对异域文化初步的印象和新鲜感来指导国内城市公共空间设计，不可避免地会出现只重表象而忽视实质的倾向，出现对国外景观形式的简单移植，出现不考虑本土文化背景一味生搬硬套的现象。

（二）主观原因

主观原因主要是指城市建设决策者意识和观念方面的原因。第一，过激热情和陈旧思维并存。干部制度经过"知识化、年轻化、革命化"的改革后，年轻的领导者开始发挥力量。他们年富力强，精力旺盛，有强烈的事业心，热情很高，希望成就一番事业更渴望展示自己的政绩。而本质根源，俞孔坚博士认为有以下几点：1. 封建专制意识。尽管人民民主专政已取代了延续几千年的封建专制，但人们意识深处的专制思想特别是官僚主义思想依然没有彻底清除。2. 暴发户意识。经济条件略有好转就求气派，摆排场，相互攀比，追求富丽堂皇。3. 小农意识。又分为庄稼意识、好农人意识、庆宴意识、泥土意识、领地意识。庄稼意识表现为将引进草皮、奇花异卉视为"庄稼"，而乡土杂草一律铲除，破坏了适应性最强的乡土植被构成的生态系统。好农人意识则表现为"精耕细作"，花时间精力于模纹花坛和植物的整形修剪。庆宴意识体现为大处不算小处算，把本可以为每个城市建一处绿地或公园的资金挥霍在每年的节庆摆花坛搞装饰上。泥土意识则是通过城市化变成"城市人"后，不屑于再与泥土接触的优越感，如处处铺瓷砖，装花岗岩。领地意识体现为各自为政，将土地切块，以红线为界独自规划设计自己的领地，不照顾城市整体，致使绿篱和围墙泛滥。[①] 以上分析，笔者深有同感。

第二，对公共生活的不恰当估计。首先是对居住密度的过高估计，城市化进程引起居住人口密度的变化，密度越高，户外公共空间的人均占有就越低，空间就越显局促。然而中国的城市居住人口

---

① 参见俞孔坚、李迪华《城市景观之路 —— 与市长们交流》，中国建筑工业出版社 2003 年版，第 113—119 页。

密度是否已达到类似于欧洲国家了呢？答案是否定的。尽管中国城市化如火如荼，但是农村人口占到总人口的80%，城市化水平是相当低的。下列关于不同国家城市化水平的一组数字可资证明。英国是工业革命的摇篮，在工业革命的推动下，早在1900年，城市人口比例即达到75%，法国从1800年到1980年，城市人口比例由10%增至73%，美国由1790年的5%增加到1975年的76%，日本在1920年到1975年的55年间城镇人口的比例由18%增加到了76%……中国城市化水平为29%。[①]另据当时对我国城市化发展趋势的预测，2010年全国城市化水平将达到45%左右。由此可以看出我国同发达国家的差距。其次，对市民的公共生活的需求估计欠妥。正如克莱尔·库珀·马库斯针对美国情况所说的，"正如多数曾经是在家中的活动（工作、教育、婚礼、出生及葬礼）已经转移到专门场所，中心广场的许多活动（购物、表演、运动、会议）同样也开始向其他专门场所（购物中心、剧场、体育馆、饭店和会议中心、邻里公园及运动场）转移。公共生活并没有消失，而是发生了重组"[②]。美国公共生活在经历了较集中的中心广场式活动后，实现了重组。中国的情况既不同于美国也不同于欧洲，中国人很少有类似欧洲城市广场那样集中的公共生活。但这并不意味着公共生活不丰富，而是变换了场所形式，分布到跳蚤市场、商业街、花鸟鱼虫市场（图2-15）、农贸市场、古玩市场（图2-16），像北京的老天桥、大栅栏、琉璃厂；南京的朝天宫、夫子庙；天津的劝业场等。在城市建设中，决策者和景观设计师应该加深对基本国情的准确把握和相关公众风俗习惯情况的调查研究。

---

① 参见世界银行《1996年世界发展报告》，转引自吴忠民《渐进模式与有效发展 —— 中国现代化研究》，东方出版社1999年版，第44页。

② ［美］克莱尔·库珀·马库斯等编著：《人性场所 —— 城市开放空间设计导则》，俞孔坚等译，中国建筑工业出版社2001年版，第10页。

图 2-15　某市花鸟市场景象　　图 2-16　天津海河边文化市场

现代城市生活更加丰富，除公共场所式的集中活动外，人们还可以通过电话、广播热线、互联网参与公共生活。因而，单纯考虑到人们的交往需求而去兴建一些公共项目是有失偏颇的。除了出于与人交往的动机外，人们到公共环境中去的目的还可能基于锻炼身体或体验自然。诚然，作为对未来城市高密度居住状况的准备去兴建一些公共场所是必需的，但是一旦脱离了国情和民众的习惯，有些项目的建设往往毫无意义。美国就有这样的例子，如模仿谢纳设计的锡耶纳坎波广场(del Campo)的波士顿市府广场(City Hall Plaza)是该市利用率最低的公共空间之一。人们只不过要去其他地方偶尔从中费力地穿过，空旷的广场急待人的活动填充，偶尔几场夏季音乐会会带来点生气。不难看出，这和中国当前的公共空间建设有一定程度上的类似。

除决策层因素外，笔者认为还有当前规划设计人员的"主体意识"和社会责任感缺失。相当多的设计人员在设计过程中不能坚持正确设计理念，为了顺顺当当地完成项目或拿到设计费用而去附会主管领导的官僚主义作风。有时往往根据个别领导们从国外拍来的自己喜欢的城市公共空间照片来简单设计、改动甚至原样照搬就应付上场，不管工程的长远自然效益和社会利益，失去了工程人员基本的社会责任感。当然，设计者此种做法背后的影响因素很多，限于篇幅，不再展开论述。

通过对上述表征的总结和原因的分析，不难看出我国城市公共空间建设和设计经历了非理性的阶段。

第二节
公共空间景观建构的理性探索

我国城市公共空间设计有没有进入科学理性的探索阶段呢？这要从几个方面来看。首先是决策者观念的改变。盲目建设不合国情的城市公共空间，在短短的几年过后就呈现出诸多消极后果。现有自然资源和文化资源宝贵而稀缺，许多有价值的资源失去而不复再生。有些地区的一些做法甚至直接造成城市自然景观和人文景观的破坏，失去了生态基础和历史文脉，长此下去，最终会整体上丧失几千年来所形成的城市景观文明。长期以来，我国城市建设决策群体中存在这样一种怪现象，常常对本土景观的文化价值认知程度不深，熟视无睹，罔顾其湮没毁坏，待到异邦人士对中华文化仰目惊羡之时，方才发现自身文化的珍贵，悔之晚矣。所幸城市建设的决策者已经对此有所认识，开始逐步限制并谨慎地考虑类似项目的建设。

其次，设计者对本土文化的理解和认知能力以及创造性的提高。对国外公共空间结构和风格的移植，已经泛滥于中国，使人感到千篇一律，设计者开始对此有所反思。另外，世界上有不少国家和地区在尊重自身文化传统的前提下，形成了具有本国和本民族特色的景观文化，如日本、韩国、斯堪的纳维亚国家。我国台湾，在这方面也已卓有成效。

最后，是公众对城市公共空间参与意识的提高。相当长的时期内，人们对市政建设的态度冷淡，总以为那是政府和相关机构的事情，参与意识薄弱。随着国家政治体制的改革和施政措施的透明化，人们的民主意识有所增强，开始对城市建设予以关注。表现在人们可以通过一些官方和非官方舆论媒介比较自由地发表对城市景观设计和建设的意见与建议。人们真正认识到城市公共空间面向的应该是公众日常生活，而不应该将那些无关的功利性价值观念附加其上。正如美国在一定时期所经历的那样，对城市建设方面的批评浪潮盖过了褒奖之声，在一些媒体报道中，正如克利夫·芒福汀所说，"一些表现优秀的专业人士反而未得到应得的礼遇。城市保护规划、绿带的保护、国家公园的设立以及规划中的公众参与都没有被列入头版头条，环境的成功不是新闻，但规划和设计的浩劫却频频出现在电视上，并被大量报道"①。但这恰恰说明了公众的民主意识和整体素质的提高。从一定意义上说，这对我国城市公共空间建设是利大于害的。或许，有些对城市公共空间设计的不足之处的剖析和评判过于苛刻，让人不禁会问，我们的城市景观设计有没有成功的、令人欣喜的地方？回答是肯定的，而且一些建成项目正在发挥为公众服务的功能。但这并不能因此而回避正当的批评，笔者认为，事实上，大多数项目并非完美无缺，批评的介入有助于今后设计的不断改进。西特在其专著《城市建设》第一版前言中，申明城市规划设计的一般优点后写道："相反，对现代城市规划艺术缺点的谴责，甚至是嘲笑和轻蔑却几乎成为流行，这被证明是对的；事实上很多城市设计被作为技术层面来完成，与此同时在艺术方面毫无建树，庄严而有纪念

---

① ［英］克利夫·芒福汀:《街道与广场》，张永刚等译，中国建筑工业出版社2004年版，第13页。

意义的现代建筑，通常毗邻最难使用的公共广场，并把地块分割得非常糟糕。"① 西特的这种观点值得汲取，这对我们处理城市公共空间设计中出现的问题，是很有裨益的。

且以大学校园景观为例来说明公众参与的重要性和必要性。大学校园景观往往是城市景观肌体重要的构成之一。一座城市的人文魅力，常常与历史底蕴深厚的高等学府关系密切。国外如哈佛大学、剑桥大学、牛津大学、普林斯顿大学、柏林大学、东京大学，国内如北京大学、清华大学、南京大学、东南大学、复旦大学、同济大学、武汉大学、山东大学、南开大学、天津大学等高校，都是其所在城市中举足轻重的文化地标。校园景观是全体师生的栖息地，师生是校园的使用主体，因而在公共空间景观建设上应该充分听取他们的呼声。然而，我国在较长的历史时期甚或当下，大学校园的景观建设规划常常是由高校决策层（甲方）和设计方（乙方）来决定，缺少了作为校园主要栖息者的师生的参与。如果说，校园的初步规划建设体现了决策者和规划设计专业人士高屋建瓴的宏观视角，那么校园景观从雏形到成长再到完善是一个漫长的过程，其间离不开与使用者之间的磨合。任何设计都不可能做到美玉无瑕，所以在校园景观的成长过程中，决策者应继续虚怀若谷地接纳师生们关于环境改善的合理建议。譬如，不少校园的园林路径设计，尽管可能本着美的原则，或许也考虑到了人的行为心理，但多少还会有不尽周全之处。经常可以见到绿地草坪上的"捷径"痕迹，从一个方面看或许是学生们的行为素养问题，但这也的确说明设计考虑中的不完善。校园景观管理和维护者如能虚心地接纳师生们的建议，便可有效地修正或弥补这种缺憾。师生们也可以从自身使用需求和审美层次出发，向

---

① 转引自［英］克利夫·芒福汀《街道与广场》，张永刚等译，中国建筑工业出版社2004年版，第13页。

校方表达合理化的诉求或建议。学校如能重视此类呼声，即使未能在初始设计阶段予以考虑，那么在使用阶段予以修正，也一定会促进景观质量的改善。耐心聆听使用者的心声，可以避免景观建设走弯路。当下，尽管景观建设的公众参与在我国还不是十分普遍，但至少开始呈现出一种良好的趋势，引领着城市公共空间设计逐步走向科学和合理。

进入新世纪以后，伴随一系列国际性赛会的举办，我国城市公共空间景观设计又进入到一个新的时期。2008年北京奥运会和2010年上海世博会的举办，是我国向世界展示经济建设成就的两场重要的赛会，城市发展形象作为经济社会发展的显性表征也得到充分的展示。作为赛事主办地的北京、上海是作为我国最发达、最重要的城市形象出现的。但从引领城市发展潮流的层面上看，上海世博会对上海市城市景观的提升无疑对我国其他地区的城市建设具有示范意义。城市承办大型赛会首先应具有良好的基础设施和鲜明的城市文化形象，其次城市又可以此为契机获得政府拨款和企业捐资改善城市公共空间。下表简单列举了2010年后除北京、上海之外的城市举办各类赛会的情况（不完全统计）。

时间	赛会名称	承办地点
2010年	亚运会	广州
2013年	第二届亚洲青年运动会	南京
2014年	青年奥林匹克运动会	南京
2014年	世界园艺博览会	青岛
2015年	第四次中国 — 中东欧国家领导人会晤	苏州
2015年	上海合作组织成员国政府首脑（总理）理事会第十四次会议	郑州
2016年	G20（国际经济合作论坛）峰会	杭州
2017年	金砖国家领导人第九次会晤	厦门
2018年	上海合作组织峰会	青岛

我国城市频繁成为国际性赛会的承办地，首先，有国家基于政治、经济、外交、文化等综合因素的考量。其次，一个城市能不能成为合格的承办方，同时也反映出一个城市在物质文明和精神文明上的发展程度。城市办会获得的资金支持有相当大的部分投入到了城市公共空间的改善性建设上面，这是不争的事实。在国家财政支持向此类赛事承办城市倾斜，最终营造出璀璨辉煌的盛世光华的同时，我们应当理性地看到，我国多数城市中亟待改善基础设施和市民生活空间的存量依然很大。笔者认为，尽管2010年以后各个赛会城市在城市公共空间建设方面你争我赶，取得了不俗的成效，但对于城市公共空间景观建设的理性回归来说，上海世博会还是应该被作为一个分水岭来看，它具有十分重要的意义。上海世博会以"和谐城市"的理念回应了"城市，让生活更美好"的主题诉求，城市可持续发展的理念应运而生。如何建设"和谐城市"？是自20世纪80年代以来，随着环境问题和发展问题的日趋严重，各国的城市政府所关心的命题。重建人与城市、人与自然的和谐，最终达到现在与未来之间的和谐是人类的共同目标。建立"和谐城市"，是从根本上立足于人与自然、人与人、精神与物质的和谐，在形式上体现为多元文化的和谐共存、城市经济的和谐发展、科技时代的和谐生活、社区细胞的和谐运作以及城市和乡村的和谐互动。寻找合理的城市公共空间景观建构的理念和路径在解答上述有关问题上，具有十分重要的价值。2010年以后，诸多城市政府管理和建设部门已经认知到了先前城市建设中诸多非理性景观建设的问题，开始对新时期城市公共空间的发展进行探索，挖掘优秀本土文化，重塑城市形象的自信。一些城市陆续出现了重视本土景观文化，理性而适度的设计案例。我们诚然不能像历史教科书那样，以某个历史事件为标志来截然划分一个阶段，但可以隐约地感受到城市公共空间设计渐渐进入到理性探索阶段。

第三节
公共空间景观设计本土化之思

　　上文简单分析了城市公共空间景观设计的现状和所处阶段，既有使我们追悔不及的伤痛，也闪耀着点点希冀之光。若要从整体上对它给予评价，可以说，20世纪末城市公共空间设计还处在相当幼稚的时期。诸多事实证明，多数城市在公共空间建设上尚未形成鲜明的、区别于他国甚或是他城的本土特色；在引进异域景观文化上，往往仅限于形式上的移植和模仿。我们所学到的不是景观设计的原理和规律性的东西，有些甚至是在发达国家的城市景观建设实践中被摒弃的方式、方法，如对大尺度和豪华奢侈的盲目追求。不能不承认，在一些城市建设者的内心深处，崇洋心理还在隐隐作祟，尤其是在打开窗子忽然看到光怪陆离的世界的当口。"拿来主义"本无错误，但重要的是如何拿来。国外百年来积累的先进的景观设计经验值得我们学习，但切不可只取其"表"，而不问其"里"，否则用取来的"假"经指导城市公共空间建设将贻害无穷。"什么是好？什么是有用？什么是盲目的变化？什么是指导改变的原则？除非我们比较清楚这些，否则，我们肯定不能很好地利用土地。"①美国城市文化学者刘易斯·芒福德的这段话不能不让人深省。

笔者以为，建设具有本土特色的城市公共空间，诚然可以采取"拿来主义"的办法，但归根结底还要从本国、本民族自身的景观文化中寻找切入点，本土传统景观文化永远是我们设计灵感的源泉。本土自然环境构成了区别于异域的独特的景观，从地质形态、矿产资源、森林植被、动物资源，到风霜雨雪，无不带有本土的鲜明特点。人类先民从选择建构简陋的栖息地，到营建宏大城市的过程，同时也是抗争、改造、对话、适应、协调环境的过程。在此进程中，自然环境中留下了人类的痕迹，成为人化的自然，自然景观同时变为承载人类文明的景观。本土人文景观是人化自然与天然自然区别的标志，同语言一样，又是一个民族文明区别其他民族文明的符号，不妨称之为本土景观语汇。当我们站在自己的土地上，却产生恍如身在异域的奇怪感受时，是不是会惊愕、会失落，心灵将无所依存呢？这是一种悲哀，是一种文明危机，当代中国人不得不正视的危机。法国后期印象主义画家高更曾发出"我们从哪里来？我们是谁？我们向何处去"的疑问，发人深省。此刻，难道我们不该扪心自问吗？殊不知，在当代中国津津有味地营造摩天大楼形成的城市天际线和欧洲古典主义风格城市景观的时候，西方一些有先见之明的景观设计师和学者正致力于研究中国古代先哲的思想精髓和古代景观文化遗产，为未来人居环境的自然协调寻找新的灵感和设计方法。新世纪开始后，业界关于城市公共空间建设的理性呼声开始高涨，相关部门开始重视并做出调整。

公共空间设计的本土化思路，理应是开放的和宽容的，在交流

---

① 转引自 [美] 阿尔伯特 J. 拉特利奇《大众行为与公园设计》，王求是、高峰译，中国建筑工业出版社 1990 年版，第 7 页。

和融通日渐频繁的今天，不能再持有封闭、狭隘的民族主义的观念。中国乃至世界历史上的景观文化的繁荣，多是不同文化杂糅的产物。因此，笔者认为，城市公共空间景观设计的本土化也需要两条腿走路，一方面审慎和批判地吸纳借鉴西方景观文化中的优秀的、先进的、合理的成分，避免民族中心主义和极端地方主义；另一方面要深深扎根于本土景观文化中，吮吸几千年的传统文化的乳汁，力避民族虚无主义。

第三章

寻道本土景观文化

　　本土景观指涉中国领土区域内所有的景观类型，既包括天然景观，又包括人文景观。从文化的角度而言，无论是天然景观或是人文景观，在我国先民几千年的繁衍生息和历史文化传承中，都具有了区别于他国、他民族的独特的符号意义，诚如塞纳河之于法国、富士山之于日本、阿尔卑斯山之于北欧，同样，五岳和长江、黄河则已经演化为我国形象的代表。此时，我国国土区域内天然景观已经变成了符号，上升到了文化的层面。我国境内许多天然景观所在地，古代就被先民作为理想的栖息地，传说中，轩辕黄帝曾在黄山采纳天地之气，炼制丹药。各宗教流派在不少名山大川建寺立观，成为礼佛修道的净地，为天然景观附上了文化的意义，使之成为人文化天然景观。而作为纯属人工营造的人文景观之典范——传统园林景观在文化符号上的意义更是不言自明。

　　由于本书所涉及的范围仅限于城市公共空间景观建构问题，并不是就城市整体规划、城市建筑而展开论述，因而，下文所讨论和借鉴的本土景观文化主要限定为作为第二自然的园林景观文化，包括寺观园林、皇家园林和私家园林等。因为园林景观和城市公共空间的营造，都属于人工环境，存在更多相通之处和较强的可借鉴性。

要找寻城市公共空间设计的新思路，必须扎根在深厚而肥沃的本土景观文化的土壤中，而不是盲目和片面地依靠他山之石。之所以关注焦点要定位在园林景观文化上，理由有三：1. 从生态上看，它们有的依托原始自然，有的为人工模拟自然，都立足在自然的基点上。2. 从人为的设计上看，历史上寺观园林接受公众拜谒游赏为常态，皇家园林在特殊的时限内也有为多数人利用的公共性，而私家园林景观的人性化设计特点尤其明显。3. 寺观园林和皇家、私家园林景观在形式上又同时具有高超的艺术性。通过分析和借鉴这些景观文化不但对于我们在未来较长的一段时间内解决城市公共空间设计中迫在眉睫的生态问题大有裨益，而且为我们解决公共空间设计中的形式语言问题提供了丰富的资源和广阔的选择空间。协调好了自然、功能和文化这三方面，具有本土特色的城市公共空间设计自然水到渠成。

第一节
本土园林景观

园林景观是一个博大精深、源远流长的复杂体系。为便于更深入地研究和确定研究的范围、角度和重点，有必要对其进行类别的划分。

一、本土园林景观的类别

依照园林景观选择的基址和创作方式的不同，可分为天然山水园林和人工山水园林两大类型。天然山水园林常处在城市近、远郊的自然风景地带，包括山水园林、山地园林和水景园林等。人工山水园林即在平地上凿水堆山，人工改换地貌特点，附以植被和建筑，将天然山水风景意象缩微于方寸之地。

依照物质所属关系，可分为皇家园林、私家园林、寺观园林和其他园林等。前两者在功能使用上，往往只满足统治阶级或文人士大夫等少数的需求，但是文化价值和艺术价值很高，对提升城市公共空间艺术性方面不无裨益。值得一提的是寺观园林和其他园林，它们的公共性较强，基本可以为所有人群享用，从某种意义上讲，在艺术性之外，更具有使用功能上的平等性和现代性，可以说是我国古代公共空间的初始形态，可资借鉴。

二、本土园林景观中公共空间的雏形

　　园林景观公共空间的初级形态，最早可上溯到魏晋时期。晋室南渡后，士大夫们常择风景优美之地饮宴聚会，这些地方因而具有了公共性。"过江诸人，每至暇日，辄相邀新亭，藉卉饮宴。"(《世说新语·言语》)雅集活动是我国文化中的一道独特的风景，最初的雅集活动常择春日明媚之时，在山水形胜之处举行。这种活动为上古祓除民俗的孑遗，人们冬季聚族蛰居，在春季暖风拂面的上巳之日，至流水处清洗身体，祓除秽气。《周礼·春官》中有明确记述，"韩诗"中也说："郑国之俗，三月上巳，之溱、洧两水之上，招魂续魄，秉兰草，祓除不祥。"① 或许这也是东晋时王羲之等人参加的修禊活动选在兰亭的缘故。汉时"官民皆洁于东流水上，曰洗濯祓除去宿垢疢为大洁"②。美好的春光和群体性的郊野活动，虽源出于礼仪，却极易走向娱乐化。因此，饮宴、张乐等活动应运而生，曲水流觞便是形式其一。春季的游乐活动伴随这一习俗逐渐定型，上至皇室贵胄、士大夫，下至普通民众都乐此不疲。而雅集活动却主要指由传统社会中的知识阶层所热衷的社会交往活动之一。

　　"新亭""兰亭"即为公共空间的雏形。(图3–1)它们虽非古希腊的那种公民广场，但也并不缺少人们的造访。相比之下，士人在山光水色中抒发政论，休闲娱乐，何等潇洒畅快。随着佛道盛行，出现寺观园林的新类型。城市中的寺、观既是宗教活动的场所，亦为

---

① 转引自（宋）郭茂倩编撰《乐府诗集》，聂世美、仓阳卿校点，上海古籍出版社1998年版，第847页。

② （南朝宋）范晔撰，（唐）李贤等注：《后汉书》，中华书局1965年版，第3110页。

图3-1　浙江绍兴兰亭

居民公共活动的中心，一有宗教节会，常吸引大量群众参加。有些寺观园林或定期或经常对外开放，公共活动十分繁盛。

及至唐代，天然山水风景被大规模开发，全国范围内出现许多风景名胜区。其中靠近城市的山水姣好之处，被人们建亭台、架水榭，变成园林化的城市公共空间。文人出身的地方官吏，往往也把开辟和营建公共景观，视为造福一方的善举。唐代柳宗元在零陵做地方官时，便亲自主持建构了当地一处公共休闲景观。经济文化较发达的城市内一般都有公共园林，供文人雅客和普通市民游憩交往之用，如扬州的赏心亭，西安的乐游原、曲江。其中曲江乃是一滨水地带，被营建成大型公共空间。每年三月三、重阳节及每月的晦日，唐室贵族和当朝权臣还要在曲江池馆举行更为盛大的游宴活动。唐康骈的《剧谈录》如此记载："曲江池，本秦世隑洲，开元中疏凿，遂为胜境。其南有紫云楼芙蓉苑，其西有杏园慈恩寺，花卉环周，烟水明媚，都人游玩。盛于中和上巳之节，彩幄翠帱，匝于堤岸；鲜车健马，比肩击毂。上巳即赐宴臣僚，京兆府大陈筵席。长安万年两县以雄盛相较，锦绣珍玩无所不施。百辟会于山亭，恩赐太常及教坊声乐。池中备彩舟数只，唯宰相三使、北省官与翰林学士登焉。每岁倾动皇州，以为盛观。入夏则菰蒲葱翠，柳阴四合，碧波红蕖，湛然可爱。好事者赏芳辰，玩清景。联骑携觞，亹亹不绝。"① 此等热闹景象，引得全京都四野的平民百姓也倾家而出前来观看。王维亦在《三月三日曲江侍宴应制》一诗中描写道："画旗摇浦溆，春服满汀洲。"可以想见当时平民百姓、华服少年、盛装妇女春日踏青出游，曲江池上一时风光无限的盛况。且每年为新科及第的进士举行"曲江宴"，场面豪华，规模宏大。杜甫《丽人行》诗中所写"三月三日天气新，长安水边多丽人"，正是这水边饮宴、效外游春的最真实而生动的写照。

宋代东京城内的寺观园林亦是热闹非凡的公共园林，此外城内散布的一些池沼也被政府出资改造为城市公共空间，如凝祥池、蓬池、学方池、梁园旧址等。南宋临安最典型的城市公共空间即为西湖，在晋、隋、唐、北宋历代开发基础上，南宋继续开发，发展成特大型公共空间。（图3-2、图3-3、图3-4）明清以降，随着市民文化的兴起，休闲娱乐的公共场所增多起来。作为市民文化繁荣的物质载体，公共空间在各个城市和经济文化发达的农村都蔓延开来。

历代公共空间如寺观园林和城市滨水地带，在设计上与皇家、私家园林景观并无本质区别，仅在景观建筑上有多少之别。相对而言，公共空间的建筑略少，植被绿化较多一些。

---

① （唐）康骈撰：《剧谈录》，古典文学出版社1958年版，第57页。

图3-2　杭州西湖

图3-3　杭州西湖三潭印月

图3-4　杭州西湖柳浪闻莺

第二节

本土园林景观设计思想内核

中国传统园林文化是世界三大造园文化之一，曾经对亚洲造园文化产生深刻的影响，其文化影响力甚至远涉重洋到达欧洲，在17、18世纪引发中国园林文化热。中国园林文化的魅力不仅仅体现为其丰富多姿的物态形式，更令人沉醉的是其中所蕴含的思想观念和文化建构。

无论本土园林景观划分为哪些类别，它们在生成、发展和完善的历程中，都会受到各种思想观念的影响，而思想观念恰恰是不同面貌和功用的园林景观设计形成的核心。

一、神池仙山 —— 理想追求

"一切文化形式在神话意识中都有其原始形态"[①]，古代典籍里有关"神"的零星记载和逐渐丰富起来的考古资料，都证明了中国历史上曾经有过一个不逊色于古希腊的神话时代。由于受儒家"子不语

[①] 《大哲学家的基本问题（现代部分）》第二卷，转引自张之沧《人的深层本质》，陕西人民教育出版社1992年版，第114页。

怪、力、乱、神"①的思想影响，神话被认为荒诞不经而被排斥，或是通过逻辑化的演绎、阐释转化成历史。神话的生成并非捕风捉影、云遮雾罩，而是有其真实的生活原型和历史依据的。精神分析大师荣格认为，神话把人们与祖先的世界联系起来，从而也就与真实体验的自然界联系起来。这种在原始人中产生的文化现象，在整个人类历史进程中得以传承。园林景观形态作为古人与环境共生共荣的物质依托不可避免地带有神话的遗踪。遗憾的是上古园林已不复存在，只能从各种文献记载中获取有限的信息。但作为一种文化的继承，现存古典园林形式中依然延续了这一符号化的痕迹。

我国古代的仙境，一个是以昆仑为源的西方仙境，另一个是以蓬莱为中心的东方海上仙境。尽管对它们所在的确切地点众说不一，但对昆仑仙境的描绘却基本相近，同东海仙山一样，大抵是奇形神怪守卫仙山，上有碧树琼花、仙草异果，产不死之药；有醴泉、瑶池，且有宫室殿阁，皆以玉、黄金、白银建造、装饰。实际上表达了在落后生产力状态下的古代先民对安全、饱暖、富庶生活的渴望和对生命的无限留恋和追求，可谓理想中的极乐世界。

古人对理想境界的向往和追求最终在园林景观中得到了体现。出于借助神灵之气和灭商的需要，周文王修建了"灵沼""灵台"。人造高台，象征神山，人造湖泊，象征瑶池，作为神明栖居之所，人工的山体与水体无疑是对神话传说中"西海之南，流沙之滨，赤水之后，黑水之前，有大山，名曰昆仑之丘。……其下有弱水之渊环之……"（《山海经·大荒西经》）②的模仿。这一景观形态直到汉代仍被人们所沿用。秦汉时期，在传统园林景观中，对东海仙山的象征模拟成

---

① （三国）何晏注，（宋）邢昺疏：《论语注疏》，中国致公出版社2016年版，第105页。

② 袁珂校注：《山海经校注》，巴蜀社1993年版，第466页。

为造园的主流。西汉时,"武帝广开上林…… 穿昆明池象滇河,营建章、凤阙、神明、馺娑、渐台、泰液,象海水周流方丈、瀛洲、蓬莱"①。园林的叠山理水由最初的一水环一山、一台,演化成一池环三山,水体也渐次地由一池发展为多个水体。神池仙山模式作为园林景观建构的基本方式,在历朝历代的园林营建中得以沿用,流传至今。水、山成为园林景观的两大基本元素。明以前的园林大多湮没无存,这种园林构景模式在明清以后的皇家园林如北海公园、颐和园、避暑山庄(图3-5、图3-6)等园林,以及大多数江南私家园林中依然得以沿袭。不过,因各自造园手法的不同,表现的形式也各有差异。

对仙境的模仿主观上既有人们对追求长生不老的心理的弥补,

图3-5 河北承德避暑山庄滨水景观

① (汉)班固撰,(唐)颜师古注:《汉书》,中华书局1964年版,第3541页。

图3-6　河北承德避暑山庄水体

又有对自然天成的理想栖息地的向往，是一种最初的理想景观的意象。同时，在园林中把意象具体物化，奠定了中国本土园林景观形式构成的基础。

二、儒学思想 ——入世氛围

孔子的儒家思想在几千年的封建社会中一直占有主导地位。严格说来，儒家思想体现一种积极要求参与国家政治生活的生活态度，是一种秩序理论，讲求修身、齐家、治国、平天下，因而也可以说是实用主义哲学。儒家规定了人们在国家生活中的"三纲五常"，树立了从上到下、不可逾越的伦理秩序。

在孔子的家乡曲阜，至今保存着完好的文化古迹 ——"三孔"。三孔是指孔府、孔庙和孔林。公元前478年，孔子死后的第二年，鲁哀公在孔子生前的故宅基础上改建为孔庙，历代王朝不断扩建和整修，现已成为占地600多亩的庙堂建筑群。孔府，又称"衍圣公府"，为孔子嫡系长子长孙居住的府地，规模宏大，占地240亩，为仅次于紫禁城的贵族宅衙建筑群。埋葬有孔子及其家族成员的孔林，又称"至圣林"，是世界上延续时间最长的家族墓园，周回7公里。孔子死后，孔学弟子从各地携奇花异木种植于此园中，规模日增，至清康熙时达3000亩。现在孔林中各类树木计十万余株，已经成为我国最大的人工园林。儒家思想在"三孔"中体现得淋漓尽致，可谓处处能见经典。每年清明时节，皆可看到来自海内外的孔子后裔，不远万里，不顾舟车劳顿，返乡祭祖。人们集聚在这所经历了两千多年的古代圣贤的墓园门前，举行庄严肃穆的祭拜仪式（图3-7），然后依照嫡庶长幼之序，依次进入墓园祭扫先祖之坟茔。随着城市的发展，孔林已经被包入城市范围，墓园门外的万古长春坊至墓园大门之间的神道，也已经成为城市市民可以自由游逛的公共空间。孔林周边以廊屋围合，苍松古柏顽强地见证了历史的变迁，守护着智者

图3-7　清明节孔林祭祖活动

先圣，象征着儒学精神、仁爱思想亘古以来的生命力。

不管园林景观的营造初衷是什么，最终还是要落脚到为人的日常生活服务的基点上，不仅皇家园林，私家园林更是如此。儒家思想在我国古代城市、建筑和园林设计中的影响比比皆是，在城市空间秩序和居住建筑中体现得尤为突出。西安、北京、南京等古都的规划建设无不严格遵照内外有别、上下尊卑的等级秩序。

除园林建筑外，园林自然景观的设计受儒家思想的影响并不太重，原因是以孔子为代表的儒家真正感兴趣的不是自然，而是社会生活。古代能够建得起、买得起园林的不是皇亲国戚就是达官富商，这些人受"治国齐家"思想的影响极重，社会、家庭中等级和宗法观念势必要在日常居所中表现出来。可以说，儒家思想在园林中所营造的是一种"世俗"的氛围。同时儒家哲学在政治和社会生活中追求"仁"治，能以"仁"的原则妥善处理社会生活则为"智"的表现。熟读诗书的儒家学者在政治生活中往往是天真的理想主义者，常遭遇理想抱负不能实现的悲剧性的结局。不少人退隐园林逃避世事，但仍然幻想有朝一日施展才能。"智者乐水，仁者乐山"（《论语·雍也》），孔子把自然的水和山作为"智"和"仁"的象征，用以比君子之德，因而园林景观中山水设计又增添了一层复杂的寓意。

江南园林中，不少的园主将儒家的自然观渗透进园林建筑的命名之中，如苏州沧浪亭有"面水轩"（图3-8）、"山水楼"，环秀山庄有"问泉亭"和"一房山"。园主人的道德操行和人生智慧在园林景观设计的模山范水中充分地显现出来。

三、道法自然 —— 审美至境

对神池仙山的追求是虚无缥缈的，儒家思想在社会生活中的功利价值取向，恰好为这种不切实际找到了一个现实的落脚点。长生不

图3-8 苏州沧浪亭中的面水轩

老的幻梦终将破灭，人不得不回到客观世界中来。而道家哲学站在朴素唯物世界观上，用近乎臆想的玄虚概念和逻辑描绘了万物本源以及自然与人的一系列连锁关系。如果说神仙追求和儒学思想牵引了园林营造的最初动机，那么，道家思想对园林景观设计手法的影响，则使人们获得了超脱于肉体长生的一种精神自由境界。

老子云："人法地，地法天，天法道，道法自然。"（《道德经·第二十五章》）关于"自然"这一概念，学界观点不一，典型的有两种说法：一说其为大自然，即哲学所指的客观存在的物质世界。另一说是指其自身。所谓"道法自然"意为"道"有自己本身运转的规律。前者把"自然"作为宇宙终极，后者把"道"作为宇宙终极。事实上，不管两者谁为终极，在这一逻辑结构中，"道法自然"的最终结论使我们了解了"道"或"自然"的概念不仅是具体的外部存在，还寓意整个宇宙运转的基本法则。以"道"为大自然也好，以"自然"为大自然也罢，不难看出，老子思想中的自然概念与宗教观念不同，它体现并强调了人对自然彻底的敬意。"德"作为老子哲学的另一重要范畴，也不局限当今所言的道德，而是遵循"道"的法则而成的生命的一种高级形式，通过各种不同方式体现了道法自然以及自身的原则，"无为""无欲""不争"等思想及行为方式，为人们如何观照景观提供了具体参照。对自然的倚重和对人与自然和谐关系的强调导致了古典园林景观美学观念和设计方法的彻底变革，由为人的自然转变成为自然的自然，人是自然的一分子。单纯为人的景观必然是病态扭曲的、丑陋的，唯有把人作为自然的一部分，重视整个自然系统的协调才会产生有生命力的景观，也才最终会产生美。人类应该如任何一种自然界生物一样自由地、无拘无束地栖居于自然之中，至于超脱于动物的美感和意境的产生，则可算是造物主格外赠送给人类的一件特别的礼物吧。

道家思想在园林景观设计中得到了具体的实践。园林景观的妙处不在于组成元素的多少，而在于各个元素之间相互协调的关系和在具体的环境之中形成的独特氛围。（图3-9）从曲径通幽到柳暗花明，从有"无"之境到虚实相生，从迂回婉转到高低错落，从月色斑驳到树影婆娑，从湍湍急流到潺潺水声，从鸟语虫唱到犬吠鸡鸣，意境、气韵、畅神，全部收纳入胸，由抽象变为具象，再由明晰至恍惚扩展而去。或许，这即是"道"之玄妙之处，更是园林景观的一种审美至境。道家思想潜移默化为本土景观语汇的重要组成部分，确立了与西方规则式园林的清晰分野。道家思想作为中国文化的精粹之一，已超越国界，对许多国外设计师的设计思维产生了极大的影响。"让建筑从土地中生长出来"是美国建筑大师赖特的名言，落水别墅的成功是深受老子思想影响的他给道家美学思想的绝佳注脚。

图 3-9　济南长清五峰山洞真观

四、禅宗精神 —— 超脱人生

佛教自汉代从印度传入我国后，直至南北朝才得以兴盛。虽然佛教信仰从古至今一直在中国流传，但是唐以后，中国的佛教已不同于最初从印度传来时的形态，出现了经过中国文化传统过滤、改变了的宗教变体 —— 禅宗。因为印度佛教中的有些教义不符合中国人的价值观念，毁身和厌世就与正统儒家教化相违背。因此，佛学家对此进行了改造，只取了"万法唯心"的内核。禅宗的始祖慧能主张放弃传统的宗教仪式，而通过静思默想达到顿悟。戒律上，禅宗对僧众的约束十分松散，并不排斥对现实生活的关注。

禅宗追求出世之境，认为万物之本为心，美乃心之幻象。顿悟

图3-10 济南长清灵岩寺寺观园林

图 3-11　济南长清灵岩寺寺观园林

图 3-12　济南长清灵岩寺墓塔林

这点后，就不会斤斤计较世间得失，脱离一切烦恼，达到身在俗世
而出于俗世的精神自由境界。禅宗思想对中国园林景观的营建亦有
影响。(图 3-10、图 3-11、图 3-12、图 3-13)教徒们通过游山玩水、
造园来辅助达到心灵的开悟，园林生活既能获得心灵上的平静，又

图3-13　济南长清灵岩寺远景

有助于接近"空"的境界。魏晋南北朝时期，寺庙园林如雨后春笋蓬勃兴起，唐代杜牧诗中咏道"南朝四百八十寺，多少楼台烟雨中"（杜牧《江南春》），其实当时的寺观园林数目远超于此。除大型寺庙园林外，一些小型庙宇实际上是俗世弟子的私家园林改造而成。隋唐后，佛教从中国传入日本，中国园林形式也随之而入，并在日本得以发展，后来为西方建筑师和景观设计师所借鉴。

第三节

本土景观文化中的多重建构

园林景观是一切艺术品中最大的综合艺术品，是众多相互联系的组成部分构成的协调统一的有机整体，是一个囊括物质元素和精神元素的具有艺术价值的完整系统。这一点，中国园林景观文化体现得尤为突出。但怎样对园林景观文化的建构成分进行划分，却是一个棘手的问题。关于文化的概念，本身就是多义的，有人说其属于精神领域，亦有人将其分为物质文化和精神文化两块，艺术为精神文化的组成，客观地说，后一种分法较为科学。然而艺术同哲学、宗教等精神领域中的其他部分又有着极大的区别，因而，苏联美学家卡冈以系统方法将文化分为三个层次，即物质层次、精神层次和艺术层次。很明显，在园林景观文化中，物质成分和艺术成分处于显性的位置，宗教、哲学、政治、伦理等精神成分则较为隐藏。为便于对园林景观文化进行论述，本书还是采取三分法。

一、物质建构

园林的物质建构主要由建筑、山石、水体和花木等要素组成。其中，关于山石和水体，金学智先生主张合二为一，叫作山水要素。

原因有:1. 历史上,"山""水"两字形影不离,长期被人们连用。2. 汉语单词趋于双音节化,园林学领域里,"山""水"分开作为单音节词难以与双音节词"建筑""花木"并列。3. 一些著名园林学家在讲解造园时形成了惯用法。我本人认为,此说有一定道理,但也并非固不可破。用在分析或陈述古典园林时可依上述传统用法,但在现代景观设计理论中,构景要素相对灵活,一处设计并非非要山水兼有,如平原或城市小社区内无山,就没有必要劳民伤财去造山,否则也就背离了设计因地制宜,自然而然的根本,因而还是主张分而述之。

另外,时间和空间作为一切实体的存在形式,亦是一种广延性的物质概念。从园林的景观变化和人们的欣赏体验过程来讲,时空同样也是景观建构的物质元素。但由于时空因素在景观中形成的季相、气象景观变化等,是任何园林景观普遍具有的,不足以作为本土景观物质建构之独特特征,因而不再另加论述。

(一)园林建筑

建筑是不是艺术,学术界还仍在商榷,在本书的论述中,我们把它作为景观中的元素来看。建筑与园林景观的关系是怎样的呢?郑光复先生说,"妙就妙在只是半类型,中国古园林,多附于各类建筑,与另一半主要功能区,合而为一,系统优化"[①]。唐代姚合在《扬州春词》中也有"园林多是宅"之句。功能上,园林是建筑的延伸和扩展,是建筑对周边自然因素的整合,可以说建筑是园林的重心。前辈学者对园林建筑做了很细致的划分:1. 从空间体量上划分园林建筑,一般有两类,一类是宫、殿、厅、堂,另一类则是馆、轩、斋、室等。前一类体量较大,常居于正位或主位;后一类体量较小,常处在侧位或次要地带。2. 以所处地势高低或纵向层次多寡划分,亦

---

① 郑光复:《建筑的革命》,东南大学出版社1999年版,第85页。

图3-14　泰山岱庙中轴线上的建筑

有两类，一类为台、楼、阁、塔等，常处在高旷之地，两层或多层；另一类为舫、榭，处于低地或依邻水体。3.以个体建筑在园内供人游览观赏的作用划分，有"游赏型"的廊、亭和"装饰型"的门楼、牌坊、照壁等。"从中国园林的大系统来看，其个体建筑类型名目的繁富、样式的多变、个性的各异，又可说是区别于西方园林的重要美学特征之一"[①]。由此可见，中国建筑在园林景观构成中地位之重要和作用之大。中国园林建筑既有单体之美又有群体之美，更重要的是，园林景观中的建筑物乃因循地势"自然生成"，整体上并不显耀人工的技艺美（少数皇家建筑例外）。因而，中国园林建筑不破坏自然，而是整合强化了周边景观的视觉美感。

---

① 金学智：《中国园林美学》，中国建筑工业出版社2000年版，第105页。

中国园林建筑十分注重对环境的协调，仅以岱庙为例。岱庙，旧称东岳庙或泰山行宫，俗称泰庙，它是泰山最大、最完整的古建筑群，为道教神府，是历代帝王举行封禅大典和祭祀泰山神的地方。（图3–14）它位于泰安市北部的泰山脚下，南起老泰安城南门、北抵泰山南天门的中轴线，山与城和谐地统为一体。[①]

刘慧在《泰山岱庙考》一书中认为："岱庙的相地选址，不是仅以人文的建筑组合为构件，它将自然的、偌大的泰山融合在了这条轴线上，这是个硕长无比的大轴线，岱庙仅是这条轴线的起始，是整个'登天'轴线中的序曲。这是一个伟大而宏伟的构思。"[②]岱庙北向正对地壳变化所造就的泰山山顶至山阳平地之间的一个巨大的溪谷，由此自然延伸出一条上山路径。岱庙就是这条路径的南端起点，并以此为基础，至山地形成了上、中、下三庙格局。岱庙建筑群的飞檐斗拱与其所统领周边林木等植被环境在对比中协调，没有显示出建筑对植被的体量压迫，而是隐于林木之中。由南向北遥望岱庙和泰山，人文景观与自然景观完美地融为一体。

（二）山石

山石是园林景观物质构成中的又一元素。园林景观中的山石是一个广袤的复杂概念。其中山的形态划分，得益于古代山水画论，韩拙在《山水纯全集·论山》中提到峰、顶、峦、岭、岫、崖、岩、阜、坡、垅；明人潘允端在《豫园记》中提到冈、岭、涧、洞、壑、梁、滩等形式。山作为景观元素的运用，不外乎借助真山之景和堆叠假山。不论真山、假山，都以拥有上述不同的形态为美学追求，多变的景观形态为我们提供了极为丰富的、多向度的框景和审美意象。正所

---

① 参见李继生《东岳神府 岱庙》，山东人民出版社1986年版，第1页。

② 刘慧：《泰山岱庙考》，齐鲁书社2003年版，第49页。

图 3-15　苏州狮子林中的假山石

图 3-16　苏州狮子林中的假山石

谓"假山如真方妙，真山似假便奇"①。此外，天然真山和大尺度的假
山（如土山、土石山）既可进行奇绝的造景，又为乔、灌、草等提供

---

①　陈从周：《书带集》，花城出版社1982年版，第58页。

了合适的生长基地。由此，景观的色彩、明暗、透视层次增加了，不同质感的对比加强了，再有峰峦之错落，使景色虚实相衬、玄明相映、意境淡远、妙趣横生。山石在中国园林景观中综合运用，亦是区别其他景观文化特质的物质性显现。（图3-15、图3-16）

（三）水体

　　水为中国园林之血脉。"水成为一种象征，它蕴含并带来清新和郁郁葱葱的生命力，它代表了沙漠中的绿洲"①。水不仅给景观带来生机，还可为人们提供形式多样的亲水活动，听泉、赏瀑、观鱼、垂钓、泛舟、采莲、浣足等。在景观的建构中，水的重要性甚至超过山石。园林景观设计成功与否很大程度上取决于理水。理水不仅重要，而且实施难度相当大，故王世贞言，"假山可为，假水不可为也"②。水理得好可以与建筑、山石相得益彰，尤其对山石来说更为关键，山水素来联系紧密。清代画家笪重光对此二者关系有精辟论述，"山脉之通，按其水径；水道之达，理其山形。众水汇而成潭，两崖逼而为瀑"③。中国园林中以水构成的景观在任何一所园林中都是最多的，即使在水资源紧张的北方园林中都被视为头筹，更无论江南园林了。仅承德避暑山庄水景就有36处之多，至于西湖景区则数不胜数。中国文化赋予水四种审美特质：一曰"洁"，世间万物，水独具本质之澄明纯净，容他物染己，而不污他物；二曰"虚"，表里如一，清澈空明，映光纳物，水波不兴之时，反映万千气象；三曰"动"，指运动姿态多变，瀑布跌水、激流、湍流、涡流、暗流、缓流、细流、

---

① ［美］约翰·O.西蒙兹：《景观设计学——场地规划与设计手册》，俞孔坚等译，中国建筑工业出版社2000年版，第68页。

② （明）王永积辑：《锡山景物略》，台湾中华书局1984年版，第655页。

③ （清）笪重光原著，关和璋译解：《画筌》，人民美术出版社1987年版，第33页。

渗流，或猛冲，或激荡，或波摇，或蜿折，极尽变化之态；四曰"文"，微风拂过或一石穿入，顿生皱纹层层，涟漪轻泛，形如绣绮，摇动一池天光，判若鱼鳞闪闪。此四种审美特性盖其他元素所不及。北宋郭熙在画论《林泉高致》中如此形容水的丰富形态："水，活物也，其形欲深静，欲柔滑，欲汪洋，欲回环，欲肥腻，欲喷薄，欲激射，欲多泉，欲远流，欲瀑布插天，欲溅扑入地，欲渔钓怡怡，欲草木欣欣，欲挟烟云而秀媚，欲照溪谷而光辉，此水之活体也。"①

园林水体形态大致有以下类型：1.湖海，为园林中水体最大形态，有一望无垠、气度恢宏之感。（图3-17）2.池沼，平静清幽，灵动亲人。（图3-18）3.溪涧，活泼飞动，曲折萦回，还可给人幽邃清静的虚灵之感。4.泉渊，深邃沉静，神秘不测。5.瀑布，奔流飞泻，气势恢宏，使人感到造化之功，畅快淋漓。

（四）花木

花木在中国园林中的地位十分重要，"山以水为血脉，以草木为毛发……故山得水而活，得草木而华"②。虽是画家对山水画理论的总结，用在园林中，亦极为恰当。

园林最初的萌芽形式"园""圃"就是用来种植植物的，东西方皆然。从仓颉所造"休"这一会意字中，我们可从生理和心理两方面理解人与植物的密切关系。自园林之滥觞，花木就扮演了重要的角色，花木种类和依花木而成的景观品类愈加丰富繁杂，品味和意境也更趋向醇厚和优美。尽管在中国园林景观中，也追求植物配置姹

---

① （宋）郭熙著，周远斌点校纂注：《林泉高致》，山东画报出版社2010年版，第47页。

② （宋）郭熙著，周远斌点校纂注：《林泉高致》，山东画报出版社2010年版，第48页。

图3-17 济南大明湖水岸

图3-18 南京市民俗博物馆(原甘熙故居后花园池沼)

紫嫣红,争奇斗艳,但始终不忘以树木为基调。(图3-19、图3-20、图3-21)树木的栽植亦不求整齐划一,横行竖排,但绝非毫无规律的随意参差,往往三五成簇、错落穿插地沿道路或随地势而植,重视节奏和疏密的对比,达到宛若自然又超越自然的境界。用少量的树

图3-19　江苏苏州拙政园中树木

图3-20　上海豫园中树木　　图3-21　河北承德避暑山庄湖中莲花

木和提炼的形式象征天然植被，调动激发人们对大自然丰富繁茂生境的联想，是充满智慧的中国造景手法。中国较少西方那种以花卉为主的园林，而对以林木为主、花卉为辅的植物配置法较为推崇，目的在于营造一个既不失自然生态又兼有精炼艺术感染力的景观环境。

二、精神建构

中国园林景观亦反映出中国人深邃的精神建构。精神建构的涉及面十分宽泛，举凡宗教信仰、政治理想、伦理志趣皆在其中。园林在功能上首先是宅居，表层物质形态之下隐藏着的是主人的精神世界和价值观念。人文意识伴随着历史的进程，不断地激荡交融，并以显性的物质形式在园林景观中沉淀下来。

（一）信仰观念

前文已经提到宗教是本土园林景观设计思想内核中的重要组成，并论及其对园林景观的生成和美学取向的影响。下面来说一下，宗教思想的流变在哪些园林形式上得以外化和怎样外化。

秦汉之际的园林主要服务于皇室贵胄，园林功能复合化，集豢养、狩猎、种植、游乐功能，上林苑是这类园林的典型。如果要从此时的园囿形态寻找具有信仰性色彩的部分，恐怕只有"台"这一形式，主要用于祭祀天地社稷及祖先神。

事实上，中国多数民众从未有过像西方那样执着迷狂于某一种宗教信仰，看重现实、尊重人伦始终在人们的意识之中占据主导地位。本人曾在专著《中国民俗造物研究》中专门对此问题做过解释："中国民众大多无所谓对于某一门宗教的执着，但凡带来利益的宗教皆可接受。中国人在宗教信仰上常持一种游移和功利的态度，而缺乏一种被人们视作'呆气'的恒常性。……在现实生活中，人们不仅信奉儒教，同时也不排斥道教、佛教和其他的什么宗教。"① 神权在西方曾经凌驾于一切，但在中国古代，任何信仰只能从属于皇权之下。

---

① 韩波：《中国民俗造物研究》，文化艺术出版社2016年版，第128—129页。

历史上既有帝王的崇佛、奉道，也出现过出于政治和经济目的而"灭法"的事件；没有一家宗教被明令定为"国教"，儒家思想一直为统领，儒、道、释互相补渗。体现在园林景观上，宗教园林（包括园林中的建筑）同世俗园林没有根本的差异。

隐逸思想源自老庄一脉，对造园活动影响颇深。尤其至魏晋时期，隐逸现象以陶渊明为典型代表。他不与当时的权贵为伍，不愿为五斗米折腰，坚定了"静念园林好，人间良可辞"的人生信念，成为后世田园风景式园林发展的渊薮。《归园田居》可谓这种心态的鲜明写照，诗中道："开荒南野际，守拙归园田。方宅十余亩，草屋八九间。榆柳荫后檐，桃李罗堂前。……户庭无尘杂，虚室有余闲。久在樊笼里，复得返自然。"《归去来兮辞》又道，"倚南窗以寄傲，审容膝之易安。园日涉以成趣，门虽设而常关"；"登东皋以舒啸，临清流而赋诗"。"陶诗中所描绘的虽不是严格意义上的园林，却孕育着新的园林类型的诞生"[①]。这种园林实际上是田园风景式园林的雏形。事实证明，后世的江南园林正是暗合这种返璞归真、悠游自在的审美追求。陶渊明的美学思想对后世影响极深，以致后世不少园林命名皆取其文之意，如"归园田居""桃源小隐""涉趣园""石涧书隐"等不一而足。

魏晋时期，自然美的赏会以及俯仰万物、游目驰怀的风气被视为"名士风流"的重要表征。是否喜爱山水之美，竟成为品藻一个人人品和文品的标杆。不少士人一面眷恋官场，另一面又附庸隐逸之风雅，开始在城郊修建私宅，山水园林作为一种新型园林出现。东晋时期，造园流风极盛，文人士大夫几乎人人皆有自己的园林。《晋书·谢安传》载：（谢安）于土山营墅，楼馆竹林甚盛，每携中外子侄往来游集。此时园林已不再是供狩猎之用，而成为文人士族欣赏山水风景

---

① 　金学智：《中国园林美学》，中国建筑工业出版社2000年版，第16页。

的场所。晋代有一个以掠夺、斗富而闻名的显贵石崇，也在洛阳营建了其私园——金谷园。石崇在《思归引序》中说自己建园是为了"乐放逸""避嚣烦""寄情赏"。这或许是他内心的真情流露，但在当时人文风气之下，更多具有与人斗富和附庸风雅之嫌。东晋士族大官僚谢玄，也在会稽郡的始宁县占山霸水，经营别墅。他的孙子谢灵运又在此基础上继续开拓。东晋名士孙绰辞官归隐后，也在山川林泽之间营建别墅卜居。宋、齐、梁、陈四朝先后构建了乐游苑、芳林苑等苑囿三十多处，王侯贵族园林更如雨后春笋般密集地分布在大江南北。

在园林艺术风格的追求上，士人园林与其他园林有所不同。孙绰在其《遂初赋》中写道："余少慕老庄之道，仰其风流久矣。却感于陵贤妻之言，怅然悟之，乃经始东山，建五亩之宅，带长阜，倚茂林，孰与坐华幕、击钟鼓者同年而语其乐哉。"言语中透露出对华丽奢靡的官宦贵戚园林的鄙夷，而追求超脱尘世的天然清纯之美。在私园和别墅的建设中，不少文人惨淡经营，把自己对老庄之学的景仰和超脱的人生态度凝结于园林风格的追求中。传统的自然山水园林，把士大夫阶层的意愿同对山林隐逸生活的追求以及对自然美的欣赏结合起来，使园林内容得到丰富，进一步形成了独特的艺术风貌。

以老庄之学为代表的隐逸思潮，通过文人士大夫在精神领域的传播和营建园林这类物质环境的实践活动发展到了极致。隐逸思潮逐渐由哲学层面上的人生处世观念嬗变为一种美学观念，对后世产生了深远的影响。无论是后来的园林构建还是文学、绘画作品中，都不难发现这种包含隐逸倾向的艺术趣味。文学和绘画领域中的这种美学取向又对当时或后世的园林风格形成反拨，影响了园林的造景和题名。

儒、释、道意识的互补、融会，以一种隐性的、模糊界限的方式影响着园林营造。诚然，寺观园林是宗教意识最为浓重的，古木参天、小桥流水和万籁俱寂引人进入化境和悟出禅意，成为寺观园林的特色。列·斯托洛维奇说："在文化史上宗教价值有时同审美价值和艺术价值联在一起。这在原则上是可能的，因为存在着价值关系诸形式的结构和功用的某种统一 …… 宗教价值中存在着审美根源，这可以解释宗教意识和审美意识，宗教和艺术相互交织的可能性 ……"[①]事实上，宗教意识的确以各种形式在我国园林艺术中体现出来。最直接的结果就是宗教意识对寺观园林建造的巨大促动。历史上，类似的寺观园林数不胜数，现今仍有大量遗存。如北京西北郊的大觉寺、北京西便门外的白云观、河北承德的普宁寺、四川青城山的古常道观、云南巍山的圆觉寺等。但皇家园林和私家园林亦不乏对寺观园林的借鉴，如圆明园四十景中曾有"心空彼岸""清净地""法轮转"；颐和园亦有三大寺庙建筑群：佛香阁组群、"须弥灵境"和南湖岛龙王庙组群。

（二）铭德志趣

我国传统园林中，物质性的景观建构背后常常隐含着深厚的人文寓指，换言之，园林景观营造的美学形态既是物质要素的组织，也是园主的德操和志趣的外现。

园主的德操和志趣常常通过园林中的匾额和楹联中的文字透露出来。匾额既可以挂在厅、堂、亭、榭等建筑物上，也可以镌刻在墙体门洞上方，以三四个字的居多。皇家园林中的匾额题字常常充分显现出德被天下、恩泽四方的政治态度和家国情怀，如圆明园四十景中的"正大光明""澡身浴德""廓然大公"等。私家园林如苏州沧浪亭中则有明道堂、仰止亭，无锡寄畅园中则有秉礼堂、含贞斋等。

---

① ［苏］列·斯托洛维奇：《审美价值的本质》，中国社会科学出版社1984年版，第106页。

民以食为天，农业为立国之本。在拥有数千年农耕文明的我国，农业收成情况关乎民之生息福祉，历代统治者皆视稼穑为首务。皇家园林中不乏与农耕文明相关的景观，意在彰显"劝农"和"励农"的寓意。如中南海有供帝后"养蚕"的结秀亭，表明帝后不忘传说中嫘祖以来之女德。结秀亭之西有丰泽园，可供皇帝举行"演耕礼"，则是意在传袭上古三皇五帝立身农事，惠及苍生的德行。圆明园景区中亦有"多稼如云""北远山村"等景。劝农、励农是农业社会统治阶级励精图治、体恤民力的本然道统，皇家园林在这样的享乐空间中加入田园成分虽具有道统上的合理性，但多少又有一丝矫饰的味道。上行下效，不独皇家园林，重视农耕意涵的匾额题字在各地私家园林中也有体现，如秫香馆、三穗堂等。（图3-22、图3-23、图3-24）

秫香馆是拙政园东部片区最大的一处厅堂。这里是拙政园园中归田园居之小园景观的北界，墙外为园主王心一的家田，时称北园。"秫"，一般指有黏性的谷物，在江南地区，泛指稻谷之属。园主王心一建此楼之用，在于观赏园外田园之景象。"秫香馆"命名意在于此。他曾在《归田园居记》中说："径尽，折北为秫香楼，楼可四望，每当夏秋之交，家田种秫，皆在望中。"[①] 小说《红楼梦》中言及大观园中建一"稻香村"，亦设置田园茅屋、井篱之属，其意图也大抵与秫香馆相仿。上海豫园三穗堂在原乐寿堂遗址上建成，是一座五开间的厅堂，北面正对大池，视野十分宽阔，景色秀丽。三穗堂长期作为上海豆米业公会所在地，为豆米业公所议事、定标准斛的场所，其命名取意于"禾生三穗"，所蕴含丰收之义。

楹联，又叫"楹对""对联"，往往悬挂或镌刻于园林建筑物的

① 苏州市平江区地方志编纂委员会编：《平江区志》，上海社会科学院出版社2006年版，第1716页。

图 3-22　苏州拙政园中的秫香馆

图 3-23　扬州瘦西湖中的田园小景

门旁、壁间或柱体上。楹联始自五代后蜀主孟昶在寝门桃符板上题新年祝语，至宋代时开始广泛用在楹柱上。楹联字数多少不一，但上下联须对偶工整，平仄协调，意味隽永。我国园林中的楹联多与

图 3-24　上海豫园中的三穗堂

匾额配合，既能装饰建筑，又可画龙点睛，丰富景观联想，传达园主人的志趣和情怀。楹联是园林意境提升的点题手段，激发了人们对景观之美的提炼和对主人情操的理解。

　　许多联语是对自魏晋以来以陶渊明为代表的文人隐逸于田园行为的附庸风雅。陶渊明不像其他士人样，移天缩地，营建自己的私家园林，而是选择了乡村，"采菊东篱下，悠然见南山"，躬耕田亩，与世无争，过着一种心如止水、恬淡悠远的世外桃源生活。金学智先生论道，"陶渊明笔下的这种境界，完全不同于帝王在苑囿中那种不可一世的煊赫，养尊处优的享受，穷奢极欲的纵乐，呼前拥后的喧嚣，而是'不戚戚于贫贱，不汲汲于富贵'，是一种松菊为友，琴友做伴，恬淡宁静，怡然自乐的，洋溢着充分的艺术情调和浓郁的书卷气息的生活境界"[1]。园林中，表明隐逸超脱寓意的楹联更是十

----

① 金学智:《中国园林美学》，中国建筑工业出版社 2000 年版，第 17 页。

分普遍。沧浪亭中的静吟亭之对联曰："亭临流水地斯趣，室有幽兰人亦清"。狮子林的半亭对联曰："相赏有松石间意，望之若神仙中人"。诸如此类，不胜引证。

三、艺术建构

中国园林景观的建构，还是一个综合多门类艺术的复杂系统，这一点同西方园林景观有极大的不同。中国山川壮丽，湖泊秀美，土地富庶，成为先民们最理想的栖息地。农业的发达，使人们较早地摆脱了对基本生存条件的担忧和恐慌，上升到对自然的审美层面。园林景观的营造直接来源于对第一自然的模仿，加之几千年从未中断的文明传承，在物质性人文艺术建构基础上，更强烈地指向审美的精神享受。西方园林的源头可追溯至古埃及，其所在自然环境远不如中国，雨稀地旱，无大片森林和秀丽山川，人们唯一的理想环境是可供农业生产的土地，因而园林景观是对第二自然 —— 农业环境的模仿，这是经过人类改造后的自然。因此，西方园林景观过多地追求物质功利性，在人文艺术审美建构上相对较弱。对艺术性的强烈追求成为中国园林景观的鲜明特色，表现在以下几个方面。

（一）"文"风"诗"韵

"文"风，在此区别于文学创作的风格，乃指古代士人阶层所标榜或追求的一种高风亮节、超脱坦然的儒雅风度和审美格调。绝大多数园林景观的构建都颇为重视"文"风，不仅是因为拥有园林的多是皇室贵胄、富商豪门、士大夫文人，更重要的是在景观建构的技术层面上，园林中的书卷气是摈除市井俗气和商门铜臭，创造清逸超世景致的有效手段。魏晋人物品藻之风尚不可避免地随历史沧桑积淀入士人的灵魂深处，融入骨血之中。崇雅薄俗的斯文之道，融化在园林造景之中，直接决定了景观品味之高下。

在园林景观的构建中，诗文性的体现有三条途径：一则造古代诗文描绘之境，二则以题字或楹联点景观之意，三则借鉴诗文创作之法。所谓"造园如作诗文，必使曲折有法，前后呼应；最忌堆砌，最忌错杂，方称佳构"①。园林是一门时空艺术，游览者在动态的进程中需要有丰富新奇的感受和体验，因此，整体布局最忌平铺直叙，单调通达。观赏序列也应像诗文之章法一样，有起始、发展、高潮、回环和结尾，力求景观多样变化，连续起伏，对比而又不失协调和整体。我国园林景观精神建构中的文学成分，广泛取材于诗、词、歌、赋、文，除了应用于匾额、楹联外，在碑刻、条屏中也有不少。（图3-25）诗文对景观的点缀、烘托和升华，使人们一入园林就沐浴在自然与人文珠联璧合的浓郁氛围中，享受无限的精神愉悦。

（二）书理画意

中国园林景观的建构与中国山水画的创作在原理上可谓触类旁通，不同者在于绘画是将对自然山水的目识心记、抽象概括在平面的两度空间上表现出来，而园林则是将其以三度空间的形式在特定空间范围的重现。园林和山水画的关系极为微妙默契，画理既可为园理，画意又可入园景。书法作为另一种以线条造型的艺术，它的章法、结体、布白、波折变化，也为园林景观的设计借鉴。同西方园林相比，中国园林景观的回廊逶迤、小桥九折、山重水复，以及曲径通幽，更具有极为丰富的线条美。书理和画意以潜性的状态融入园林景观的营造，令人寻味无穷。

中国文人的书法、绘画，尤其是山水画，对造园设计中曲线审美意识也有着深远的影响。"书画同源"的道理无须多说，原始人最

---

① （清）钱泳撰：《履园丛话》，中华书局1979年版，第545页。

图3-25　扬州瘦西湖中郑板桥题牌匾

初刻画的象形文字是最好的例证。绘画和书法各自独立成为一门艺术后，变成文人墨客表达思想、爱憎，抒发胸中意气的媒介。园林与书画有着割舍不断的文脉联系。园林是缩微的自然，写意的自然，中国的山水画也是如此。园林和山水画都是艺术家对自然的提炼和升华，在这两种艺术创作中，物质的自然转换成精神的自然。"风景如画""江山如画""如在画中游"等即是最好的写照。梁思成在《中国古代建筑史》中说，"中国园林（包括园林建筑），就是一幅幅立体的中国山水画，这就是中国园林最基本的特点"①。许多画家、文人直接参与了造园活动，不少江南园林就是他们的杰作。唐代王维自主修建了辋川别业，白居易兴建了白居易草堂。明代文人文徵明曾在扬州一所园林亲手种植紫藤。清代画家石涛也曾参与叠石理水，何园的片石山房至今保留着按照他创意构筑的假山（图3-26、图3-27）。

明代造园家计成本身就是一位颇具文人修养的工匠，据说他少年时即以绘画知名，深得关仝、荆浩笔意。他在《园冶》中讲到，"古公输巧，陆云精艺，其人岂执斧斤者哉？若匠惟雕镂是巧，排架是精，一梁一柱，定不可移，俗以'无窍之人'呼之，甚确也"②。这里，反映出计成的文人情结。在设计中，计成提出了"似偏似曲""有高有凹，有曲有深，有峻而悬""曲折有情，疏源正可"，以及"之字曲"等曲线审美意识。其中"之字曲"的"随形而弯，依势而曲"的特点，直接会通王羲之"之"字之妙。由此可见，文人在参与造园的过程中，已经有意识地将书法和山水画的审美观念融入园林之中。

（三）幽人雅韵

中国历史上十分重视乐，乐作为古人修身养性的辅助，有着重要的地位。孔子闻韶乐，竟"三月不知肉味"。在中国，乐是与诗、书、画、弈共称的"雅"文化之一。文人士大夫赏画弈棋、坐禅悟道常常以乐为伴。而上述活动恰恰多是发生在园林之中。

与弈棋、书法和绘画一样，音律也被古代文人雅士视为基本修养之一。因此，抚琴弄瑟的行为恰是文人高雅的人格涵养的外显，

---

① 中国建筑学会建筑历史学术委员会主编：《建筑历史与理论 第一辑》，江苏人民出版社1981年版，第10页。

② （明）计成：《园冶》，城市建设出版社1957年版，第63页。

图3-26 扬州何园片石山房

图3-27　扬州何园片石山房中的石涛叠石

常常在上层社会文人交游活动中作为重要的行乐方式。古琴作为独
奏乐器，具有清、微、淡、远的审美特质，从汉代始，古琴渐成为文
人所钟爱的乐器。凌瑞兰在《中国古琴文化》一文中说，"古代，中国
琴人视古琴为修身养生之道，而非谋生之路，所以将琴、棋、书、画、
酒、茶、金石、古玩、园林、建筑、园艺等一并作为文化修养纳入生
活天地"①。至少是在汉代，园林建筑就已经成为收藏乐器和弹奏音
乐的场所了。《汉书·五行志第七上》中载，"宣公十六年，'夏，成周
宣榭火'"。班固释曰："榭者，所以藏乐器。"②便清楚地说出了宫苑
园林建筑单元和乐器之间的有形关联，以及园林主人和音乐修养之
间的精神关联。

① 黄凤岐、朝鲁主编：《东北亚研究——东北亚文化研究》，中州古籍出版社
1994年版，第356页。

② （汉）班固撰：《汉书》，中华书局1962年版，第1323页。

中国文人的思想往往是儒道兼蓄的，达则兼济天下，穷则独善其身，在仕途受阻之时，往往又以老庄思想作为精神的慰藉。这也是绝大多数失意文人庙堂之梦破灭后退隐园田的原因。此时，琴音被糅合进自然超脱、逍遥清净的美学特质，在艺术直觉的审美层面上救赎心灵或平衡心境。文人们"主张由恬淡之中求得个人生命的超越与精神的渊默宁静。由琴乐之中，他们洞悉的是生命与艺术的真髓所在。是以老子有'大音希声'之说，庄周有'至乐无乐'之说。'天人相和'的哲学观念在此已沉淀为一种自然恬淡、虚静纯真的美学理想。这是一种超乎世俗情感之上的精神理念的体验"①。文人静修的自然林水或缩微自然的园林被视为与古琴音韵相宜的弹奏场所。在《红楼梦》第八十六回中，曹雪芹借黛玉之口道出了抚琴与环境的关系，"琴者，禁也。古人制下，原以治身，涵养性情，抑其淫荡，去其奢侈。若要抚琴，必择静室高斋，或在层楼的上头，在林石的里面，或是山巅上，或是水崖上。再遇着那天地清和的时候，风清月朗，焚香静坐，心不外想，气血和平，才能与神合灵，与道合妙。所以古人说：'知音难遇。'若无知音，宁可独对着那清风明月，苍松怪石，野猿老鹤，抚弄一番，以寄兴趣，方为不负了这琴。……"② 荷兰汉学家高罗佩在1939年出版《琴道》一书，其中也提及中国文人对鼓琴之境的选择，"除了在户外美丽的风景之中，文人学者的寓所也是最适合抚琴的地方。学者们理想的寓所要有隐士的氛围：寓所为园林所环绕，以松竹与外界相隔离，幽幽曲径蜿蜒于别有意趣的假山或是莲塘旁边，通向一个朴素的楼阁，在那里他们可以作诗、读书"③。他甚至不惜笔墨，援引《何氏语林》中对元代画家倪瓒居所的描述，以

---

① 章华英：《古琴音乐与东方哲学》，《中国音乐》1991年第3期。

② （清）曹雪芹、高鹗：《红楼梦》，商务印书馆2016年版，第741页。

③ ［荷］高罗佩：《琴道》，宋慧文等译，中西书局2013年版，第57页。

佐证自己的论断，"倪云林所居，有清秘阁，幽迥绝尘。中有书数千卷，皆手自校；古鼎彝名琴陈列左右，松桂兰竹之属敷舒缭绕。其外则高木修篁蔚然深秀。每雨止风收，携杖履自随逍遥容与，遇会心处，鼓琴自娱，望之者识其为世外人也"①。

宋徽宗不仅喜爱绘画、金石和博古，对抚琴亦十分精擅，还曾经搜集天下名琴陈列于万琴堂内。（图3-28）园林环境成为演奏音乐之佳境，《高山流水》《梅花三弄》《闲云古鹤》《阳关三叠》《十面埋伏》等古乐配以清风明月、泉声鸟鸣顿使人思绪空灵，超脱俗外。不少园林景观中至今还残留着琴韵之迹，苏州网师园和扬州瘦西湖皆有琴室，怡园有石听琴室、坡仙琴馆，身处其中，静思幽赏，耳边似有乐音弥漫，回味悠远。

---

① ［荷］高罗佩：《琴道》，宋慧文等译，中西书局2013年版，第58页。

图3-28 （宋）赵佶《听琴图轴》，北京故宫博物院藏

第四节
当代本土景观文化的新视野

一、传统园林景观的系统属性

我国园林景观是一个博大精深、源远流长的复杂体系，为便于更深入地研究和借鉴，首先需要对其文化属性进行合理的判断和分析。

我国文化属于早发内生型文化，历史上虽曾受到外来文化影响，但始终保持相对稳定，并不断自我调整、完善。园林景观是我国传统文化的一部分，也相应地形成了较为完善的系统，主要表现在以下三方面。

（一）独立发展的完整系统

在世界文明之林中，中华文明具有极其鲜明的地域特征和民族特色，大量的历史文化遗存可资证明。历史地看，中华民族的自觉，肇始于近代同西方列强在政治、经济、军事和文化上的激烈对抗，而作为自在自为的民族则是在几千年的历史演变中形成的。一些文化人类学家认为，不同文化的产生取决于人类对不同环境的适应。丹纳在其《艺术哲学》中亦曾将希腊民族的性格、智慧和精神的形成与当地的自然环境联系起来。普列汉诺夫也指出，"自然界本身，亦即围绕着人的地理环境，是促进生产力发展的第一个推动力"[①]。华夏文明恰恰是中华民族在特有的本土地理环境中长期生产实践的产物。

华夏文明在历史上较少与其他文明沟通，走着一条独立发展的道路。大致有以下几个方面的原因：第一，中国在地理上位于大陆面积比重较大的北半球"中纬度文明带"的最东端，与其他文明相距较远。这种偏居一隅的地理位置不利于同其他文明的交流，相反，却有利于保持自身的文化传统。第二，我国地理环境封闭独立，西北、西南是高原、高山，北有大漠，东、南面海。长江、黄河流域大面积的农业耕作区，使得华夏先民足以自给自足，无需对外交流。虽然濒临太平洋，华夏民族拥有安定富足的农耕生活，对海洋并不十分感兴趣。在较长时期内，海洋也犹如一道屏障封闭了中国文明。第三，在气候上，我国自南向北分布着热带、亚热带、暖温带、中温带、寒温带等气候带。适宜的季风气候和长江、黄河流域大面积的耕作区，使先民的生产、生活得天独厚，为其他文明所不具。在这样理想的自然环境中，农业文明历久不衰。第四，国土面积广大，中华文明即便在遭受外来文明冲击时，也不会山穷水尽。[②] 上述因素决定了中国文明沿着线性方式一路发展成为一个独立完善的系统，也决定了其内向型特征。

园林景观文化是华夏文明大系统中的组成部分，作为一个完整的小系统，在三千多年的漫长过程中形成了世界上独树一帜的中国园林景观系统。周维权先生说，"这个园林体系并不像统一阶段上的

① ［俄］普列汉诺夫：《普列汉诺夫哲学著作选集（第二卷）》，生活·读书·新知三联书店1974年版，第227页。

② 参见梁一儒等《中国人审美心理研究》，山东人民出版社2002年版，第3—5页。

西方园林那样，呈现为各个时代的迥然不同的形式、风格的此起彼落、更迭变化，各个地区的迥然不同的形式、风格的互相影响、复合变异，而是在漫长的历史进程中自我完善，外来的影响甚微"[1]。中国园林景观一直处在极为缓慢的发展和持续不断的演进过程之中。

(二)多因素带动创新系统

我国园林景观文化虽然独立地发展演进，但不失为一个创新的系统。周维权先生认为，我国园林景观文化能在长期治乱兴衰的过程中持续演进，依赖三个特殊条件：第一，经济上以地主小农经济为主体，工商经济为辅；第二，政治上长期的君主集权控制全国；第三，礼乐为中心，尊王攘夷的大一统的儒家思想。三个条件起着支柱和互相制约的作用，好像一鼎的三足支撑着帝国的稳定状态。[2] 这既是园林景观文化发展的大背景，又是其发展的直接因素，不同时期的政治目的会成为帝王营建园林的动因，如祭祀开疆、立国后树立皇权重威，此时游乐目的处于从属。经济的发展、繁荣和衰落也直接决定了园林的数量和规模。而思想和文化艺术的变革与繁荣又促进了园林景观的风格及形式的变化。政治、经济和文化艺术三者有时单独发挥作用，有时两两作用，有时又是三者协同作用，促使我国园林景观的规模和形态不断地发展创新。我国园林景观在各个向度上都完成了创新：类型上，从原始形态的苑、囿，发展到后来的皇家园林、私家园林、寺观园林和其他园林；艺术形态上，从自然山水园发展到人工写意园；功能上，从上古时期的狩猎、种植园演变成纯粹为人居而设计的人性化园林。

---

① 周维权：《中国古典园林史》，清华大学出版社1999年版，第11页。

② 参见周维权《中国古典园林史》，清华大学出版社1999年版，第11页。

（三）早熟的理想景观观念

园林景观的选址营建和形式创造，反映了先民的早熟的理想景观观念。这种早熟的景观观念被逐渐附会成一种择居观念——风水学，可以称其为"前科学"。风水学是一种建立在哲学的逻辑上，以技术和"民信"（鬼神说和民间原有信仰体系）的解释体系而表现出来的择居观念。这种观念在古代农业社会先民的盆地生活经验中得以强化，成为一种理想景观的生物——文化基因，在人类繁衍生息中得以传承，并在古代园林景观设计中得到应用。"不是风水说导出了中国人的理想模式（景观模式），相反，是中国人内心深处和文化深处的那种理想景观模式，引发了风水说关于风水理想的直觉思辨，进而附会了一整套基于中国哲学的解释体系"①。

我国先民理想栖息地的特征，如围合与屏蔽、界缘与依靠、隔离与胎息、豁口与走廊，往往在园林景观中得以体现。当我们漫步在园林中，体味它的曲折回环、柳暗花明、豁然开朗、灵透花窗带来的感受时，便不难理解这种理想的景观择居心理了。

二、中国景观文化的传播

第一，传播到日本。中国园林景观文化很早进入向外传播的进程。自汉代，日本与中国就已开始了园林文化上的官方交往，民间的交往恐怕还要更早。日本园林景观的营造观念受中国园林景观文化影响极大。有学者说，"从卑弥乎派遣汉使的公元239年，到平安时期的公元894年，日本不断派出使者到中国学习，故园林反映出与中

---

① 俞孔坚：《理想景观探源——风水的文化意义》，商务印书馆1998年版，第129页。

国相似的布局形态和文化内涵"①。与当时的中国相比,在同类型的园林景观上,日本园林景观表现出与中国的相似性和发展的滞后性,即可表明日本景观文化出自对中国景观文化的学习和借鉴。

唐代,日本为了学习中国文化,先后十几次向中国派出了遣唐使。其次数之多,规模之大,时间之久,学习内容之丰富,可谓中日文化交流史上的空前篇章。日本园林景观就是在这种友好交流中得到了迅速发展。奈良时期正值中国唐朝睿宗 — 德宗时期,日本全面吸收借鉴中国文化。中国唐朝的建筑、园林和城市规划对日本影响极大,平安京的建设和规划,甚至建筑结构和样式,几乎是唐都长安的翻版。刘庭风研究指出,"根据奈良国立文化遗产研究所对平安城宫进行的44次发掘结果说明,园中有池,池中有岛,池底有玉石。再从日本古典名著《万叶集》和《怀风藻》所描述的内容看,当时贵族所喜欢的园林是中国式的自然山水景观,如自然的地形、树木、花草、石头、溪流等"②。日本池泉式园林的发展和成熟与其对唐代园林景观的直接学习有关。可以说,唐代是日本对中国园林景观的全盘吸收期。经过进一步吸取和消化,方形成了适合自己国度自然和人文环境的池泉式园林。其中,日本寺庙园林中的净土园林风格,受唐代园林的影响极为明显。

唐末,日本停止派遣遣唐使。至两宋时期,日本与中国的交往又趋频繁。不少学者和造园家访问中国,学习宋元时期的画风,这对园林的创作也产生了一定的影响。元代,尽管日中之间爆发了几次战争,但园林界的交流始终没有中断。在镰仓时代,日本产生了"枯山水"式的景观建构形式。这种形式以日本本土富有的石材作为创作

① 刘庭风:《中日古典园林比较》,天津大学出版社2003年版,第46页。
② 刘庭风:《中日古典园林比较》,天津大学出版社2003年版,第46页。

材料，适应了日本京都缺水和家庭宅院狭小的环境。自此，日本园林景观的营造逐步进入自创阶段。

第二，传播到朝鲜半岛。中国和朝鲜半岛的文化交流也可以追溯到汉朝以前。朝鲜半岛曾作为中日文化传播的通道，因而在园林营造上受中国园林景观文化的影响也很大。高丽时代的宫苑以及离宫御苑、士大夫的自然式园林和寺观园林，均受到中国园林的直接影响。新罗国的文武王也向唐朝派出遣唐使，带回了唐朝的造园文化。文化交流，在唐宋时期最为频繁。有学者研究说，"今天的韩国园林设计，依然能看到中国唐代园林布局形式的痕迹。例如，在景名上，韩国景福宫、中国颐和园中的景福阁的'景福'二字都出自《诗经》：'既醉以酒，既饱以德，君子万年，介而景福'；1395年，朝鲜王朝的皇帝李成桂修建景福宫也是仿照中国紫禁城修建的，富丽而堂皇；不仅如此，现在韩国仁川市自由公园的中国人村，依然延续着悠久的华夏文化"[1]。除了园林的文化含蕴外，韩国的古典园林构造格局同中国传统造园格局也是一脉相承，比如"一池三山"的布局结构。韩国园林建筑，不但深受中国唐代建筑风格的影响，也受到宋元时期建筑的影响。新罗、高丽时代的朝鲜半岛，大量借鉴我国的园林文化，建造了大批的皇家园林、官式建筑、宗庙建筑，如首尔的景福宫、昌德宫、德寿宫三大古宫，以及大量的寺庙建筑。[2] 近古时期，朝鲜半岛对中国建筑和造园文化的借鉴一直未曾中断。韩国学者韩相真经过研究认为，"朝鲜时代皇家园林的宫苑建制跟中国清代皇家园林一样也采用了'前朝后寝''三门三朝'体制，但它的宫、苑是结

---

[1] 章晓岗、王长富:《基于中韩园林文化认知的几点思考》,《北方园艺》2010年第11期。

[2] 参见章晓岗、王长富《基于中韩园林文化认知的几点思考》,《北方园艺》2010年第11期。

合的"①。后国王建造了苑囿，凿水为池，叠石为山，象征巫山十二峰，还栽花植草，养禽畜兽。遗址有朝鲜庆州东南月城址附近的雁鸭池、景福宫的曲水池、新罗王朝都城东京（庆州）鲍石亭的曲水迹等。不仅建筑方面，12世纪时，高丽王朝还从宋朝学习了堆山叠石的手法。高丽睿宗时期，金仁存之《清燕阁宴记》记载了宫殿园林堆山叠石的内容，只是这些堆山叠石的手法进入朝鲜时代之后慢慢消失，转化为广泛地使用置石手法。②

第三，传播到欧洲。中国园林文化除了在亚洲文化圈中产生了重要影响，还远涉重洋到达了欧洲。在新航路开辟之前，中国在西方世界人们的想象中是神秘而美好的理想国度。在游记中，马可·波罗把元大都描绘成辉煌灿烂、堆满珠玉、黄金遍地的城市，流露出对中国的无比留恋之情。南宋都城杭州的西湖风光和宫苑给马可·波罗留下了极深的印象，他行文中采用了中国人对杭州的赞语——"天堂"，可见这座园林城市带给他美好而深刻的印象。西湖和宫廷园林中娱乐是他浓墨重彩描绘的对象，他记到，"（皇宫）每院有五十列房子，各有花园，住一千少妇，为王服役。他有时由王后伴着，有时由一群少女伴着，坐在绸缎覆盖的画舫中来游湖，并且游览湖边各庙，习以为常……"③中国景观文化经过两次传播影响了西方。新航路开辟后，欧洲国家通过在东方的殖民和贸易，开阔了视野。这期间，大量东方工艺品源源不断地输入到西方，其中包括瓷器、绘画、漆木器、绣品、丝绸等。在外销瓷器中，描绘中国园林景致的瓷

---

① 韩相真：《汉城朝鲜时代皇家园林昌德宫的研究》，《中国园林》2000年第4期。

② 参见任光淳、金太京《明清时代中韩古典园林置石造景比较》，《广东园林》2010年第2期。

③ ［意］马可波罗：《马可波罗游记》，李季译，上海亚东图书馆1936年版，第248页。

器占有相当的比重。陈志华先生认为，"欧洲人最初是从中国瓷器之类工艺品上的装饰画里'看到了'中国的造园艺术和建筑艺术的，这对后来他们仿造中国园林和中国式园林小建筑有很大的影响"①。此后，陆续有不少西方人通过著作记述和介绍中国园林景观，为了较明晰地说明，谨绘制以下表格列举相关例证。（表3–1）

表3–1　17、18世纪欧洲介绍中国园林文化的文献一览表

时间	作者	国家	著作、文献
16世纪末	金尼阁神父	意大利	《基督徒中国布教记》
1655年	卫匡国神父	意大利	《中华新图》
1665年	纽浩夫	荷兰	记事报告
1688年	不详	德国	《东西印度及中国的游乐园林和宫廷园林》
1796年	李明	法国	《中国现状新志》
1855年	马国贤	意大利	马国贤《回忆录》新版
1725年	斐舍	德国	《建筑简史》
1728年	贝提·兰格里	法国	《造园新原理》
1735年	杜赫德神父	法国	《中华帝国通志》
1743年	王致诚神父	法国	写给达索的书信
1757年 1757年 1772年	钱伯斯爵士	英国	《中国建筑、家具、服装和器物的设计》 文章《中国园林的布局艺术》 《东方造园艺术泛论》
1767年	蒋友仁神父	法国	写给巴比翁的信
1782年	韩国英神父	法国	《中华全书》之《论中国园林》

资料来源于陈志华：《中国造园艺术在欧洲的影响》，山东画报出版社2006年版，第20—103页。

---

① 陈志华：《中国造园艺术在欧洲的影响》，山东画报出版社2006年版，第14页。

以上著述说明，欧洲人对中国园林景观文化的记录越来越详细，理解也愈来愈深入，可以说，为欧洲人了解中国园林打开了一扇窗户，为欧洲仿造、借鉴中国景观文化提供了一定程度的依据。上述作者中，作为宫廷建筑师的威廉·钱伯斯在介绍中国造园文化上，影响最大。他不仅对中国园林的营造理念有着相当深入的理解和思考，同时不遗余力地宣传和鼓吹。在实践方面，他更是身体力行，别出心裁地在他设计的丘园里营造了一幢仿照中国南京大报恩寺琉璃塔的"中国塔"。在当时的英国，人们渴望新的艺术风格出现，钱伯斯的设计成就反响强烈。一时间，英国皇族贵戚、富商大贾纷纷模仿，兴起了造园风潮。正如赫什菲尔德所说，"外国的所有园林里，近来没有别的园林像中国园林或者被称为中国式的园林那样受到重视的了。它不仅成了爱慕的对象，而且成了模仿的对象"[1]。在威廉·钱伯斯之后，英国第一位遣华大使马嘎尔尼，同样热衷于推介中国园林文化，并在中英园林比较方面有着出色的见解。

有关中国园林设计的文献最早于1687年传入法国；到18世纪中叶，中国园林风格不仅对英格兰有了实质性的影响，还扩展到整个欧洲和北美殖民地，瑞典园林设计也在长时间保持了中国风格。"18世纪中叶，正值英国学派达到其巅峰时，中国学派的设计思想在英国这个地形起伏的国度与崇尚自然形态的英国学派结合了起来。总之，在法国、德国和俄国，中国作风一时影响很大，成就斐然"[2]。这是中国园林文化第一次影响西方。18世纪中叶以后，由于鸦片战争的失败，当时的中国一些古老的文化在欧洲人眼中渐渐被视为落后的东西，欧洲园林景观中的"中国热"也逐渐消退。在此后的近两百年间，中国一直处于落后和被动挨打的地位，中国园林文化的价值也被西方世界

① 陈志华：《中国造园艺术在欧洲的影响》，山东画报出版社2006年版，第69页。

② 吴家骅编著：《环境设计史纲》，重庆大学出版社2002年版，第190页。

所忽视。

　　直至20世纪80年代，中国园林景观文化再一次在西方掀起热潮。而此次传播，不管是时代背景，还是影响和结果，都和17世纪的第一次迥乎不同。1980年，纽约大都会博物馆将陈从周先生推荐的苏州网师园明式典型殿春簃园林建筑形式移植到博物馆陈列，取名"明轩"，作为陈列品介绍中国园林景观文化，同时兼作休息厅，供观众们歇足观赏。这是海外第一次营造的传达中国生活和审美文化价值观的园林景观。随后，随着国际间文化的频繁交流与接触，中国园林景观以新的形象出现在世界文化视野中。1984年5月，中国设计作品——燕秀园，在英国利物浦第一届国际园林节上获得金奖。随后，亭、桥、石峰等中国园林景观元素开始出现在美国洛杉矶、旧金山、佛罗里达州等地私家园林中，西方国家构建的中国风格的园林愈来愈多，如纽约史坦顿岛的苏州园林式的中国学者花园；英国利物浦的燕秀园、英国格拉斯哥的亭园；德国慕尼黑的芳华园、杜伊斯堡仿建的"郢趣园"、法兰克福的春华园；加拿大温哥华的谊园；埃及开罗国际会议中心的园林等。中国的园林景观在国际上愈加显示出文化的辐射力和蓬勃的生命力。据相关资料，到2000年，国外由中国设计营建的园林有50多所，分布在五大洲的20多个国家，其中在欧美有数十处。中国园林景观文化第二次影响了世界。

　　传统园林景观和现代城市公共景观，都属于人工环境，有着相通之处和较强的可借鉴性。要找寻城市景观设计的新思路，必须扎根在深厚而肥沃的本土景观文化的土壤中，而不是盲目和片面地依靠"他山之石"。了解我国传统园林景观文化的系统属性以及其传播的状况，有利于对其准确定位，保持民族文化自尊。传统园林景观文化会为我国当下的城市景观设计提供参照，成为设计师取之不竭的灵感源泉。

当世界的视线开始转向中国的时候，我们却犯了民族文化虚无主义的错误。难道这不能令我们沉思吗？

第四章

本土景观
之镜与化

第一节
本土景观文化的优势

　　本土园林景观文化所以能够历经沧桑而不断丰富和发展完善，在于其始终维系着与这块土地上的自然和人文的血肉联系。景观空间形态的营造理念已经十分成熟，不乏科学和系统属性，尽管其滋长于农业社会的生活文化背景之中，服务的对象只是少数群体，但其中葆有的宝贵经验仍然富于生命力。面对工业化社会的城市快速发展，大量人口集聚城市产生休闲和交往需求，设计者不妨将目光转回到本土景观文化。此处所言之"镜"，意在以批判性的立场对传统景观文化进行客观的审视，以千百年积累的景观营造文化作为当下景观建设得失的参照；所谓"化"，乃是凝练古代园林文化中的精华、破除其时代性痼疾，适时化用变通。本土园林景观从原始形态逐步演进，迨至明清两朝，造大成之极，无疑有其强大的生命力，但它们毕竟是农业社会的产物，其营造目的、功能类型和美学意味是否还能接轨现代社会的需求，需要辩证地分析。

一、宜人的缩微生境

　　我国古典园林景观最典型的特征，是无论园林规模大小，都自成一个完整的生态整体。皇家园林的营建受用地限制较小，在都城景观斑块中占有相当比重，成为尺度较大的城市生态系统。寺观园林用地规模次之，但往往选择郊外山水形胜之处，得清净之意，最大限度融入原有自然生境之中。而私家园林虽然多系园田几亩，但在景观基本元素的构设上，丝毫不会马虎轻率，家雀虽小，五脏俱全。"壶中天地""芥子纳须弥"可谓是对此类园林景观的精辟形容。

用于颐养的皇家园林和多数寺观园林的营建择址，一般都首选风景秀丽的自然山水环境，相对于大规模动用人工凿山理水而言，利用原有生态条件对环境的破坏最小。明代造园家计成在《园冶·相地》中说，"园林惟山林最胜，有高有凹，有曲有深，有峻而悬，有平而坦，自成天然之趣，不烦人事之工"①。这一理念不仅适用于皇家园林和寺观园林，私家园林的营造如有条件，同样是最佳选择。如此，建成景观方显自然天成，山水空灵澄明，十分舒适宜人。当然，城市中并不总是有适宜的原生基址可供利用，那么要达到好的景观效果，就需劳烦人工。但即便如此，其建成后的景观格局也一定要自成系统，山水林木完备，给人以浑然天成之感，这正是计成所言之"虽有人作，宛自天开"的境界。设计者和匠人们穷极巧思在方寸之地模拟山川、林水，形成缩微化的自然生境过程中，更加尊重和依循自然运行的内在规律。我国城市中私家园林的建造事实说明，局促于城市小的空间范围内的私家园林同样可以形成别具一格的小型生态系统，为人们创造惬意的休闲空间。

作为人类的居所，传统园林中的建筑虽然占有重要的地位，但却是最大限度地对原有生态环境予以尊重。"天人合一"是中华民族一个既根本又独特的思想观念，是崇尚自然、走向自然的中华传统文化的基本原理和深层指南，故对传统文化各个方面都具有渗透、

① （明）计成著，赵农注释：《园冶图说》，山东画报出版社 2003 年版，第43页。

浸润、贯通与统摄的作用，并对古人价值取向、行为模式、审美情趣、思维方法等产生深远的影响。① 在造园活动中，"天人合一"的思维观念引导人们始终保持与自然的密切协调。园林建筑的兴建对自然环境来说并非具有建立在破坏基础上的优先权，相反却应该时时处处礼让自然。计成谈及建房时如何对待有所妨碍的树木时说，"多年树木，碍筑檐垣；让一步可以立根，斫数桠不妨封顶。斯谓雕栋飞楹构易，荫槐挺玉成难"②。由此可见造园家对自然的谨慎和保护的态度。园林景观营造的精髓即在于此，不是粗暴地对生态进行戕杀，而是通过精心地呵护，做到与自然共荣。就植被系统的建构而言，古树名木已经形成了一个相对稳定的生态圈位，保留大树古木实际上也就是保存了一个运转良好的小生态环境。"各类建筑除满足功能要求外，还与周围景物和谐统一，造型参差错落，虚实相间，富有变化"③。建筑同山石、水体、植被等要素和谐地组织起来构成了一个人类与自然融汇一体的理想生态环境。

　　山石、水体和花木是本土园林景观的重要物质建构，不仅具有美学意义，还是自然生态组成上必不可少的元素。多种造园元素的有机结合，构成了一个完整的生物链。置身园中，树木种类繁多，森然茂密，鸟栖其中，鸣声不绝；清澈的活水入园，潺潺而动，潭池幽碧，游鱼倏忽，往来穿梭于田田荷叶与水草之间。俄而林泉雨落，可闻蛙声一片。判若天然的叠山，遮挡于葱茏树影之下，峰、峦、岭、岫、崖、岩、阜、洞、坡、垅等多变的形态，又成为各种小动物的栖居之所。（图4-1、图4-2、图4-3、图4-4、图4-5）顺应自然规律，周

① 参见吴延芝、孙晓华编著《中华传统文化教程 —— 一份来自东方古国的文化邀请》，山东大学出版社2019年版，第45页。

② （明）计成著，赵农注释：《园冶图说》，山东画报出版社2003年版，第43页。

③ 刘敦桢：《苏州古典园林》，中国建筑工业出版社1979年版，第27页。

图4-1　苏州拙政园中的荷塘

图4-2　苏州沧浪亭园林通往假山的小径

图4-3　苏州沧浪亭假山上的亭子

图4-4　苏州沧浪亭园内绽放的花卉

密精妙的模拟生态环境在长期的岁月流程中渐渐演变为一个完整的立体生态空间。事实说明，园林景观是一个各项生态指标都很高的人造环境系统，有时甚至超过了城市周围的郊野环境。山东曲阜野

图4-5 苏州沧浪亭大门右侧外部水体

外很少看到的一种白羽鸦，以一定的数量栖居于孔林中的参天古树
之中，就是很好的例证。园林景观以自然为追求，亦为人的需求而
创设，人处其中，仿佛走进天工造化的自然之中，与自然进行能量的
交换，与自然展开心灵的对话，品味无尽的山林意境。

　　传统园林生态质量普遍优良，一方面得益于设计者与主人的精
心谋划和经济投入，另一方面也在于历代使用群体的精心维护。一
所园林如果失去了主人的庇护，往往不出几年便会破败衰微。好的
园林生境应维持相对合理的使用群体规模，以便最大限度减轻人
为的侵扰。皇家园林和私家园林的营建本来具有阶层性，游园人数
较少。之所以园林景观能保持良好的生态，是因为游园人数没有超
过其生态耐受侵扰的能力范围。相反，当今的城市建设中，建筑密

度过高，单位面积人口数量偏多，而植被绿化和水体分量却比较轻，又多是些不能产生生态效益的硬质铺装，生态环境处于一种超负荷状态，环境质量的恶化速度加快，就可想而知了。这是城市公共空间需要破解的症结，如何在满足人居的前提下，大幅提升公共空间景观的生态质量，值得我们用心思考。

园林在古人尊重自然、融入自然的设计思想导引下，不但满足了人们对诗情画意的审美追求，更呈现出完整的小区域生态环境宝贵的价值。这种自然至上，最终又是为"人"的景观设计思想，对我们从事现代城市公共空间设计应有极大的启发和借鉴意义。

二、惬意的休闲空间

本土园林景观可满足人们的多种需求，如交往、休闲、静养、娱乐等。前文提到皇家园林和寺观园林等公共园林景观多以天然山林水泽为基址，空间尺度相对较大，视野十分开阔。在这样的空间中，人们可进行多种公共活动，如健身、野餐、钓鱼、划船、聚会等。实际上，类似的活动在历史上从未停止过，只是不同园林景观满足不同阶层和范围的人群而已。不得不承认，阶级社会中的公共性和现代社会中的公共性相比，差距还很大。如今这些园林已面向公众开放，成为人们的公共休闲空间。

一个世纪前，中华民国成立后便将原来的皇家园林和坛庙进行适当的改造，面向公众开放。1914年颐和园对外开放，到1915年10月10日社稷坛改为中山公园，1915年先农坛改为公园，1915年北海改为公园（1922年正式开放），1918年天坛改为公园并开放，1925年地坛公园开放。[①] 这是我国充分利用古典园林的景观空间为普通公众

---

① 参见郑欣淼《文脉长存：郑欣淼文博笔记》，故宫出版社2017年版，第212页。

提供休闲娱乐场所的开始。

新中国成立后，国家和地方政府十分重视传统园林的整饬修缮和开放工作。1950—1960年间，一大批苏州私家园林得到修复，并逐步向公众开放。一些园林从人去楼空、断壁残垣的废弃状态，经过修缮焕发了生机。苏州园林成为城市文化的名片，还获得了"世界文化遗产"的殊荣，成为世界知名的园林景观。位于南京夫子庙西侧的瞻园修复工作于1966年竣工，1978年对公众开放。20世纪90年代，位于南京的原太平天国天王府的西花园——煦园经过整修对公众开放。2002年5月，在原太平天国天王府东花园遗址基础上重新复建的东花园——复园，对外开放。

传统皇家、私家、坛庙园林具有改造成城市公共空间的天然条件，且益处多多。主要体现为：1.原有的园林生态资源已经形成并在发挥生态效用和休闲娱乐功能，稍加整饬便可以服务公众。2.节省重新规划建造新的公园所需耗费的土地资源和更多财力。

以传统园林为基础改造成的城市公共空间，在满足人们与自然交流对话的需要之外，成为人与人交往的理想场所。人们在节庆假日甚或工作之余，皆可到园林中放松自我，松弛身心。园林公园还一度成为青年人交朋会友、谈情说爱的首选空间。

一些大型皇家园林，不仅能够满足基本游览和休闲的功能，其宽阔的景观范围还可以提供一些大型群体活动的需求。私家园林由于空间的限制，满足大型公共活动的功能较弱，但却另有优势，不管从环境的尺度大小还是从空间组织上来说，都更符合人性。人们既可出而游览，归而休憩，又可在廊下亭中观花听雨，透过花窗览四时之色，不必经受在大尺度景观空间中长时间的徒步之劳，实在是方便惬意之至。（图4-6）在园林中，可观画，可抚琴，可对弈，可品茗，可聚宴，可畅谈，极尽怡情悦性之事。

此外，园林景观隔噪声、远交通的特点，使人们不仅远离了面

图4-6　扬州何园中的闺房

对繁杂市井的焦躁，更不会因各种噪声而烦恼，为休闲游憩增添了安全惬意的氛围。不同的园林景观特点，对我们在城市公共空间设计中，因地制宜、因人制宜地整合处理不同的基址周边环境和人群特点，将会有所裨益。

三、综合的审美佳境

正如本书第三章所述，艺术建构既是本土园林景观的一大特点，又是我们所要借鉴的园林景观的优势。文化性是人之为人的表征。中国园林的文化尤其是艺术价值，已经在世界园林史上留下了辉煌的印迹。中国园林景观是一个包容丰富的、静态的综合艺术系统，显性的景观形态实际上是潜性的文化观念和艺术追求的外现，体现为一种兼容自然美和人文美的理想化的艺术形式。

中国园林对生态的重视，映射出中国人对自然美的孜孜不倦的追求。这种美产生于人对山石、水体、植被和建筑的物质本体形态以及它们彼此协调关系的审美观照中，是一种高层次的审美意境。意境美是中国文化的精髓。钱学森在谈到山水城市时说："山水城市则是更高层次的概念，山水城市必须有意境美！……意境是精神文明的境界。这是中国文化的精华！"① 要品出景观意境，需要深厚的人文修养。这就要求观赏者具有文学、哲学、美学、绘画、音乐、雕塑、书法等的综合修养，非如此不足以对眼前之景致澄怀味象，感悟，升华，进入理想的审美境界。这样在人们眼中，一丛假山才变成峰峦叠嶂，一汪浅水才成湖海千顷，几株奇树才成丛林莽莽，几声鸟鸣虫叫才能生发出千鸟归林、万物复春的意象。物质元素通过人文情怀和艺术想象的综合、提炼，升华为全新的美学意象。宗白华先生说："以宇宙人生的具体为对象，赏玩它的色相、秩序、节奏、和谐，借以窥见自我的最深心灵的反映；化实景而为虚境，创形象以为象征，使人类最高的心灵具体化、肉身化，这就是'艺术境界'。"②

　　而西方园林，则较少这种超脱飘逸的审美意境。黑格尔这样说："讨论到真正的园林艺术，我们必须把其中绘画的因素和建筑的因素分别清楚。……一座单纯的园子应该只是一种爽朗愉快的环境，而且是一种本身并无独立意义，不至使人脱离人的生活和分散心思的单纯环境。"③ 他推崇法国人和波斯人的园林类型，这些园林是"栽满花木的装置着喷泉、小溪、院落、宫殿的展览馆，供人们在自然中游息；它们富丽堂皇，不惜浪费地建造出来，以满足人的需要和提供

① 鲍世行、顾孟潮主编：《城市学与山水城市》，中国建筑工业出版社1996年版，第573页。
② 宗白华：《美学散步》，上海人民出版社1981年版，第70页。
③ [德]黑格尔：《美学》，商务印书馆1979年版，第103页。

人的方便"①。黑格尔对园林景观的喜好和评判,与中国人大异其趣。倘使他看到当今中国城市景观设计中将巴洛克园林风格照搬移植而泛滥于全国,浪费了大量的人力、物力、财力而效果未见得理想的时候,是会欢呼自己美学价值观的胜利,还是坐下来重新思考一下园林风格移植不同国家和民族的具体情况、文化特点和审美习惯的关系再下定论呢?

人文美还包括哲学美的意味,如山与水、水与木、木与土;藏与露、远与近、高与下、曲与直、繁与简、大与小、动与静等一系列物与状辩证关系的统一。

中国园林景观融合了多种审美趣味,极具民族特色,与西方园林景观的美学趣味迥乎不同,独树一帜。相比之下,当今单调呆板的城市公共空间则近乎简单粗糙、品位低劣,对西方风格的借鉴近乎生吞活剥,仅在短时间内满足了人们对异国文明的猎奇心理,不考虑国人的生活方式和审美传统,无法保证艺术的恒久魅力和高质量的审美感受。作为成功公共空间设计必备的一个前提,设计者在动手前应该好好从本土景观文化的源泉中汲取营养。

---

① ［德］黑格尔:《美学》,商务印书馆1979年版,第104页。

第二节
本土景观文化的时代限定

本土园林文化固然是一处巨型宝藏，富含可供现代景观设计师挖掘、提炼和应用的宝贵资源，但任何矿石亦不全为可用之精华，必须对之给予去粗存精、去伪存真的扬弃。作为古代农业社会的历史产物，传统园林形态和功能摆脱不了当时政治、经济、科技和文化的影响和限制，在古为今用的同时会暴露出种种局限性。唯有正视其局限性，才会理性而客观地寻求改革和变通的方法，才能在当代城市公共空间设计中既保留传统精华，又创造科学化、人性化，并有本土特色的高质量景观。本土园林景观的局限性主要有以下几个方面。

一、空间围合格局限定

关于本土园林空间围合的限定可从内外两个角度来分析。毋庸置疑，社会地位和身份的不同，决定了本土传统园林在空间上要同外界区别开来。不管是皇家、私家抑或寺观园林，既出于人们宇宙观或哲学观对园林设计的影响，又出于安全防卫的需要，都是以一个相对独立的区域单位同外界隔绝开来。小面积的私家园林景观相对一个城市之大，仅仅是一个点的概念，即便是面积稍大的皇家园林或寺观园林景观，勉强算是一个斑块。而现代城市公共空间的创建表现为景观与城市整体融合和协调。许多专家学者提出的"山水城市"的设想，即表达了提高城市总体景观水平的美好愿望。当然，从生活层面上说，本土园林景观与外界的隔离性的确是其实际生活必需；从民族文化的特殊属性生成角度看，这种隔离性恰恰又是所有园林自原始形态成形之初即已形成的形式组成部分。尤其对于私家园林来说，严密的空间围合形态更是一种设计哲学的产物。这种设计哲学的根源是自魏晋以来所盛行的"隐逸"思想的传续。因而，从造园动机上看，私家园林这种居住方式产生的本然动因就是避世，而非面向频繁的人际来往。我国园林的文化属性是内秀和内敛，而非开放和张扬。如果不经取舍和变通，只是简单地在城市公共空间景观设计上套用形式，是不能适应现代市民生活需求的。因为，城市公共空间所要解决的首要问题是公共性和开放性，这就要求景观的物理格局一定要满足从各个方向进入的可达性。

从内部空间来看，本土园林景观尤其是私家园林景观在空间组织上移步换景，曲折回环，深邃悠远，是其突出特色。但如果不加取舍地在公共空间设计中照搬套用，亦会产生许多问题。首先，公众到公共空间中需要的是解除压力、交流感情、恢复体能、激活心智，虽有审美需要，但这种审美需要并不能成为压倒一切的第一需求。出于人员之间交往和娱乐的需求，景观元素之间的组织关系也不应是通过在小范围内遮挡、屏蔽去实现曲径通幽和柳暗花明。传统园林景观的空间组合制造了过多视觉审美信息，对现代人的上述需求来讲，冗余度过大，不免使人感到疲倦。环境心理学的研究表明：首先，人们在环境中是否感到安全舒适，与其心理上对环境的控制感有关。其次，人们从局促的家庭空间到户外，还需要获得视觉体验上的开阔感以弥补在小空间中所造成的压抑。如果按照传统园林的尺度在城市公共空间营造频繁转换、幽深难测的景观形态，与采用较开阔的造景形态相比，人们在游览过程中不容易获得空间控制感，因为过于曲折和遮挡的环境意味着更多的未知性，而未知性是引起人们心理恐惧的直接原因。居住在多层或高层楼房中的居民大多会因远离地面和上下楼的体力成本考虑久居家中，一旦到达公共空间后则希望通过开阔的景观视野来释放心理上的压抑。

此外，繁复的空间组织还会给犯罪提供场所，给公众的安全保卫带来不必要的麻烦。这些都是景观设计师在借鉴传统园林空间结构的围合手法时应该认真考虑的问题。

二、原初服务群体局限

古典园林的营建是为了少数人的生活，阶层性较强，而且规模十分有限。在现代社会中，追求公民权利和义务的平等，众生皆有享用公共空间的资格。一些古典园林虽然经过改造对外开放，但不管从生态承受能力还是空间范围的限制上来看，都有难以突破的瓶颈。城市公共空间的构建，首先要有其公共性，即面向大众，满足大众与自然交往、与人交往的需要。

此外，在传统私家园林中常见的一些造景手法，似乎也和现代公共空间景观建设之间或多或少存在着隔膜。在有限的空间里，古典园林营造者需要使尽浑身的解数，动用极端的巧思构设一个建筑、山林、水体、植被和生灵集聚的独立世界。为了实现这一目标，造园家必须不浪费每一寸土地，用心雕琢每一景观单元，以实现以小见大、小中求全、小中求变的效果。

在一些私家园林中，极尽复杂、上下起伏的游览路线以及地面铺装质感和高差频繁转换，无形中对使用者的范围也加上了限制。老人、孩童、孕妇，还有盲残人士在此环境中举步维艰，一些园林景点如假山、岩洞、汀步、亭阁也只有手脚麻利、上蹿下跳的年轻人可以领略。显然，这些造景手法如果不加变通地应用到城市公共空间设计中，会导致老人、孩童、孕妇等群体使用的可能性较小。当代城市公共空间设计，服务的对象已不是当初的皇室贵胄和豪门富户，而是普罗大众。尽管城市园林建设部门会根据不同的街区地段、社区类型和地理条件规划建设具有不同主题和功能的园林空间，但都应本着服务大众这一基本原则设计，这是与古典园林服务对象的有限性形成鲜明对照的。因此，照搬和模拟古典园林的造园程式和手法已然行不通，理性的思路是批判性地借鉴其造园理念，分析出能够古为今用的语言和手法，有限度地和现代城市公共空间设计耦合。

三、浮华奢靡极限营构

传统园林的营造者往往是帝王、贵戚、豪绅、富商或士大夫。皇室可以巧立名目动用国库资财，而官宦和富商则可能倾其一生积蓄在园林建造中。历朝历代，皇家园林的营造都是极为耗损国库，劳烦大量匠工和民力的。可以说，从屋宇殿堂，到叠山凿水，到奇花异树，再到文房清玩、古画名琴，可谓洋洋大观，靡不齐备。上迄秦汉，下至明清，浮华奢靡的园林建设例证在历史上不胜枚举。

北宋东京汴梁的著名皇家园林——艮岳，无疑是宫苑园林建造的典型例证之一。徽宗皇帝不惜征调花费大量人力、财力和物力，大肆搜求江南石料和花木，名为"花石纲"。其于平江（今苏州）特设专门机构"应奉局"，命朱勔主管运送"花石纲"。《宣和遗事》记载："（朱勔）初才致黄杨木三四本，已称圣意。后岁岁增加，遂至舟船相继，号做'花石纲'。……凡士庶之家，有一花一木之妙者，悉以黄帕遮覆，指做御前之物。不问坟墓之间，尽皆发掘。巨石者高广数丈，将巨舰装载，用千夫牵挽，凿河断桥，毁堰拆闸，数月方至京师。一花费数千贯，一石费数万缗。"①

乾隆皇帝不仅六次南巡游山玩水，耗尽东南民众财力，还扩建圆明园和承德避暑山庄等，耗银无数，造成了严重的国民经济和财政困难。作为清代帝后行宫和花园的颐和园修建耗费了三千万两白银，系慈禧挪用相当于七年半的海军经费，此外还包括赈济山东、陕西、河南水灾的费用。园林营造耗费之巨，由此可见一斑。

无论中西园林，作为特殊社会阶层和群体的生活场所，都会竭尽心力精心营造，耗费无量资财。皇家园林的规模宏大和精工匠造的意图具有政治上的威权象征意义。汉初，丞相萧何主持修建长安宫苑，豪华壮丽超越了秦都宫苑。当汉高祖刘邦问及萧何：现在天下未定，为什么把宫殿修造得如此豪华壮丽？萧何答曰："夫天子以四海为家，非壮丽无以重威，且无令后世有以加也。"（《史记·高祖本纪》）可以说，统治者"家天下"的意识自此镌刻在历代帝王的头脑深处。对于天下之家的最高象征——皇室宫苑的建设，必然会高标准、严要求，集四海之财富，用天下之巧工。"家天下"的思维逐级放射在封建社会阶层中，便演化成了所有社会成员头脑中的潜意识，以家为中心的思维根深蒂固。官宦和士人同样效仿皇室精心营建自己的居所，但凡有一定的财力，必定会相互攀比，或追求园宅之规模体量，或追求设计建造之奢侈富丽。然而较之西方，像中国仕宦家族这般热衷于将宅院打造得如此精致美妙，近乎极限式建构的状态实不多见。可以说，中国私家园林的每一处空间都经过了匠工的巧思，每一件陈设都体现出了主人之格调。每一处私家园林都是集美石名木、奇花异草、金石艺术、经籍善本的综合博物馆。（图4-7）这样的建造态度和代价，只能出现在人际阶层差异巨大、财富

① （宋）《宣和遗事》，商务印书馆1939年版，第11页。

图4-7　潍坊十笏园的后花园

分配悬殊的古代社会。

　　而现代城市公共空间建造的宗旨在于创设可以供社会中每一位成员娱乐和休闲的场域，是去阶层化的。公共空间景观营构所关注的是社会群体的整体利益，而非某一个个体；其要改善的是整个城市空间的生态质量和景观面貌，而非某个家庭空间的富丽堂皇。因而，城市公共空间的规划应综合权衡城市居民的普遍利益诉求，园林建设经费也要经过合理论证，制定预算。政府不可能投入大量资金集于一处，而要普遍照顾到城市的各个角落，在追求景观效益的同时还要特别兼顾空间营造的经济性，即性价比。能使用本土材料的，尽可能使用本土材料，本土植被类型，尽可能简洁美观，而非雕梁画栋。现代城市公共空间设计不是彰显帝王气势，也不是强调财富价值，而是以追求现代公民社会的普遍福祉为第一要务。

四、景观意境因循同质

中国传统园林作为东方园林类型的重要代表，在历史的演进中形成了其造景的文化含蕴和艺术格调上的独特性。在园林形态上，我国园林维系了一套稳固的美学范式，这种范式自秦汉时期渐次形成，即"一池三山"式的景观格局。后世园林，无论皇家园林抑或私家园林，往往都循规蹈矩地沿袭这一建造观念。特别是明清时期，苏南地区的经济发达，苏州、扬州、南京、无锡、松江等地造园之风滋生繁盛，粮商、盐商、官宦之家竞相攀比。但经过实地观览体验后，会发现多数园林给人的景观意象是相似的。一种艺术形式一旦形成稳固的范式，那么这种范式一方面会沉淀为成就其艺术类型独特性的基因，另一方面也获得了其作为文化传统的保守性。这种保守性与农业社会几千年来的封闭和自给自足的传统相表里，园林建造的范式进而变成了一种充斥着排他性的规矩或道统，不可更改、不可突破。

岭南地区自古也有皇家园林、私家园林的类型存在，近代之前园林的建造格局和审美趣味与中原、苏浙地区相似。南越王赵佗的皇家园林效仿秦朝宫苑，南汉至明清时期的园林则与北方汉唐以来的池山式园林同属一脉。近代，岭南地区作为最早对西方开埠交易的地域，接受来自西方的文化信息较多，在园林营造方面也开始汲取西方造园文化的营养，开风气之先。近代岭南园林的形态和意境已经在中国古典园林的基础上，借鉴和结合了西方造园思想和设计手法，实现了园林营造的意境、风格和美学趣味的革新。

我国古典园林景观的艺术意境是本土文化特质的反映，园林具有内敛、静悟的艺术气质和高雅超逸的审美倾向。但伴随着我国的现代化进程的深入和文化开放的程度愈来愈深，人们的审美意识和文化消费口味也日趋复杂化和多元化。对城市公共空间景观的使用者和观赏者来说，古典园林的形式价值和审美格调是十分可贵且令国人引以为傲的，但它却并不是当代人追求和欣赏的审美价值的全部，换言之，这并不是唯一可供欣赏的审美境界。自古以来，人们的美学好恶从来都不是整齐划一的，正如人们的饮食口味一般，不仅不同地域的人有自己的口味偏好，即使同一个个体也会有多重口味的尝试欲望。例如唐代司空图的《诗品二十四则》就列出了二十四种美的境界。

在现代社会中，人们有权利追求自身的审美偏好，而且人的审美需求多元化已是常态。有人对传统敝帚自珍，有人则喜新厌旧；有人爱古朴典雅，有人却爱变换时尚；有人喜欢繁缛雕凿，有人则喜欢简洁洗练。偏于"含蓄、内敛、雅致、清秀、奇特、峭绝"的园林景观的审美趣味多系农业社会中常见的文人化审美标准，对现代人来说，景观格局的坦白、率真、浑厚、简约、杂凑、机械感等特质作为另一类审美趣味，与城市生活和时代气息相近，也是易为人们接受的。现代城市景观建设应走功能化、开放化和多元化的路径，单纯强调通过复兴"古典园林"的形式和意境来提升城市品位并不现实，而是应该顺应城市生活的现实效率、生活方式和时代气息，并且针对不同环境、不同文化层次的群体，应有不同的景观建构策略，这些方面应引起景观设计师的深入思考。

在某种意义上，古典园林已经属于一种不可再生文化资源，它的艺术集成程度之高，在于历代园林主人和成员的不断累积，其形式语言和审美趣味特征是传统农业社会的文人和匠工不计时间和精力代价精雕细琢所致。我们难以想象在现代城市空间景观中再复制如此复杂的艺术综合体，不仅极难达到相当的艺术高度，同时也没有此类必要性。笔者曾经走访过一些因提升地产项目价值，或烘托古城景观重建项目为目的的古典园林营建，细部设计薄弱和工艺粗制滥造，钱没少花，质量差强人意，效果不伦不类。一个城市公共设施建设的决策机构，毕竟不同于旧时的帝王和富商大贾，可以耗大量资财于一处，而应考虑审美的时代性和民享、民有、民管的理念，建构具有新的景观美学特征的城市公共空间。

第三节
借鉴和变通原则

　　新型的、更为科学合理的景观设计形式总是建构在对传统的吸纳与扬弃上，而不是因循保守。传统本身也应该是一个发展的概念，今日有益的尝试和变通很可能就是明日要遵循或借鉴的良好传统。园林景观文化得以在几千年的沧桑巨变中不断地发展、变革、创新，说明其本身曾具有积极的开放性。从南至北，园林景观的形态和面貌可谓千姿百态，这其中既有原始生物——文化基因对人类文化进化的影响，又有不同哲学观对设计思想的影响，同时还不断吸纳少数民族以及异邦文明的景观形式杂糅而成。如北京圆明园就是中西合璧的集锦式的园林景观；永安寺的白塔亦是喇嘛塔的形式；岭南园林也吸取了西洋园林形式。这种特性使本土园林景观也完全可以通过变通，应用到现代城市公共空间设计中去。如加强对天然山水景观的保护和一定程度上对城内或城郊土地的生态恢复，确立城市整体和大范围公共空间的生态基础；利用好现有私家园林等人工山水景观，并提炼其文化内涵和形式语言，用之于城市小尺度公共空间设计。

一、形式灵活

城市公共空间涵盖范围的扩大，使现代景观设计有了施展的机遇和条件，针对不同的空间场所、不同的功能需求，景观的形式也灵活多变。通过上述对本土景观的客观分析，我们已经得出结论，并不是其所有的形式都是可以放之四海而皆准的万能药方，借鉴得好，可以为城市面貌营造一个亮点，为人们提供一个舒适优雅的去处。反之，同样会成为城市景观的疮疤或赘疣。因此，对本土景观形式的借鉴不是简单的因袭，而应该是对其高度的提炼和概括，机动灵活的运用。

城市公共空间首先面向的是公众，这和历史上园林景观的服务对象出发点不同。公众的需求是景观设计师考虑的首要因素之一。丹麦著名城市设计师扬·盖尔总结了户外活动的三种类型：必要性活动、自发性活动、社会性活动。[①] 必要性活动包括那种多少有点不由自主的活动，如上班、上学、购物、等人、候车、出差等一些人们在不同程度上都要参与的活动。休闲健身、娱乐交往、获取鲜活信息、呼吸新鲜空气、感受自然风光则为自发性活动。社会性活动相对较少。其中自发性活动多取决于人们的主观意愿，而户外空间的物质环境质量，诸如温度、湿度、光照等气候因素是影响人们外出与否的至关重要的因素。此外，公共空间质量的高低也是一个重要方面。必要性活动受城市公共空间质量的影响不大，而自发性活动和社会性活动则恰恰相反。自发性活动和社会性活动恐怕是人们起身到公共空间的理由或动机。动机的多元性决定了公共空间应该是一个综合各种功能的集合体。

---

① 参见［丹麦］扬·盖尔《交往与空间》，何人可译，中国建筑工业出版社2002年版，第13页。

　　不论是广场、公园、绿地、滨水地带或其他建筑的户外空间，生态功能、交往功能、审美功能应是一个成功的公共空间最基本的功能配置。这就最终决定了我们对本土园林景观形式借鉴的取舍。首先是因地制宜的原则，有两方面的含义。1. 根据不同的基址，采用不同的形式，这种思路，计成在《园冶·兴造论》中已经论及，"故凡造作，必先相地立基，然后定其间进，量其广狭，随曲合方，是在主者，能妙于得体合宜，未可拘率。假如基地偏缺，邻嵌何必欲求其齐，其屋架何必拘三五间，为进多少？"①此乃园林景观选址思想的精辟论断，甚至一定程度上决定了建成景观的形式风格。2. 根据建成场所的不同功用借鉴本土景观的形式。广场景观的形式设计诚然不能等同于公园或滨水地带的形式设计，这是由其建成后的用途决定的。广场作为城市的节点形式之一，亦有多种类型，有的位于密集居住区人流汇集的地方，有的位于车辆转弯的关键交通地带。不同类型的广场也应该有不同的形式。交通要道旁的广场应该具有较醒目的标志物和良好的视域与能见性，尽量减少屏蔽和障景；而居住区广场则大不同，除了考虑场地的开阔，还要讲求遮阴和较强的审美性，必要时不妨借鉴传统园林景观的空间组合和以乡土材料为主的花样繁多、生动有趣的地面铺装来打破大空间的呆板，会更具本土特色。

　　滨水地带景观的形式设计同邻里公园的形式又有不同。滨水地带更多地应借鉴传统园林景观中的天然景观形式，以创造良好的生态为第一追求，尽量减少人造景观工程对自然生境的影响。因为人们去这些地方更多的是去感受自然、融入自然，寻求自然美，相对而言，对社会交往和人文景观审美的要求退居次要地位。

　　反过来，邻里、社区公园和企事业单位户外空间景观在具有一

---

① （明）计成著，赵农注释：《园冶图说》，山东画报出版社2003年版，第33页。

定的生态基础上，则更应该突出景观的社会性和人文审美需求。当然，人作为自然的一分子，生态化同时也包含对人的关怀，但这里所说的社会性也是建立在"人"的需要基础上的，因为社会由个体的人组成，城市则是一种社会的联系纽带，城市公共空间的景观又是其中的重要一环。此外，对人文或艺术美感的追求也是人的合理需要的重要组成。它们触动人类心理和灵魂的最深处，于当代社会愈发显得弥足珍贵，往往成为人们参与到城市公共空间中的动机之一。传统园林景观中对人文审美境界的追求也同样是有口皆碑的，值得设计者吸纳借鉴。所以任何对形式的抽象和审美价值的奇思妙想都应该兼顾社会普通成员的生活和审美价值追求，两者不可偏废。不能为公众理解、欣赏和使用的空间景观绝不是成功的设计。没有了对人的多重需求的关怀，再富丽堂皇的空间也只是有其形无其神。人的参与是空间灵动起来的必要条件，人的需要是丰富的、发展的、阶段性的，因此它又决定了景观形态的不断更新。所以人的合理需要的满足，是评判一个优秀公共空间的标杆之一。

由于邻里公园、企事业户外空间和市内密集建筑中余闲空间的规模较小，不妨汲取私家园林的一些优点，因地制宜，采取适当概括和变通的手法，创造出新的景观形式。西方国家在这方面已经有了成功的尝试。美国著名景观设计师罗伯特·泽恩（Robert Zion，1921— ）就在纽约摩肩接踵的高楼大厦的狭小空间中设计了充满私家小园情调的小型公园——帕雷公园。（图4-8）

泽恩在40英尺×100英尺（1英尺等于0.3048米）大小的基地尽端布置了一个水墙，潺潺的流水声掩盖了街道上的噪声，两侧建筑的山墙上爬满了攀缘植物。广场上种植的刺槐树的树冠，限定了空间的高度。树下设置了轻便的桌子和座椅，供市民交流和休息。他的另一件作品IBM世界总部花园广场既同帕雷公园相类似又兼异曲同工之妙。这为我们设计社区和企事业单位户外空间和密集建筑物

图 4-8　美国景观设计师罗伯特·泽恩设计的帕雷公园

间隙空间提供了一个成功的范例，对怎样在现代城市环境中有取舍地吸取私家园林景观的形式给予了有益的启示。为什么我们的社区花园非得也像广场一样到处滥用硬质铺装，造景元素也仅仅局限于草坪和模纹花坛呢？

　　前文已经论述了本土园林景观是一个繁复的综合艺术系统，包含有许许多多独具民族特色的艺术形式。作为区域文化的符号，这些形式语言完全可以借鉴到现代城市空间景观设计中去。西班牙建筑师安东尼·高迪在巴塞罗那郊区某居住区设计了一个梦幻般的空

图4-9　西班牙建筑师安东尼·高迪设计的居尔公园

间——居尔公园。(图4-9)在公园的设计中，高迪发挥了自己超凡的想象力，融建筑、雕塑和大自然为一体，围墙、长凳、柱廊和绚丽的马赛克镶嵌装饰体现出鲜明的个性，天才地将西班牙本国传统中的摩尔式和哥特式文化中的形式语言运用于公园景观的创造中。[①] 不仅成为当地儿童痴迷眷恋的玩耍场所，就连成年人在其中也流连忘返。童话般的空间设计勾起了许多人对童年时光的向往，居尔公园后来成为巴塞罗那的代表景观之一，为世界所知。

———————

① 参见王向荣、林箐《西方现代景观设计的理论与实践》，中国建筑工业出版社2002年版，第12页。

以上所说，目的在于要申明城市公共空间的形式一定要针对不同环境、不同人群、不同生活审美需要进行综合考虑，而几千年深沉博大的本土景观文化，往往会点燃我们设计灵感之火花。

二、经济适度

城市公共空间设计服务于公众的日常一般性户外生活需要，造价上一定要遵循经济适度的原则。景观的生态效益和美学价值，同工程的投入不一定成正比。并非穷尽豪华材料的利用才可产生理想的结果。事实证明，当代中国不少的城市公共空间设计最初可能怀着理想的设想和为公众造福的愿望，可最终取得的生态效益和社会效益却多差强人意。购进高档奢侈的建筑材料，煞费苦心地引进奇花异木等，并不符合景观设计的思想主旨。

景观设计从风景园林中脱胎，到其成为独立的学科存在以来，对自然的尊重就注定了其设计主旨应该遵循经济节约的原则，此二者是相辅相成的。美国景观设计之父奥姆斯特德在纽约中央公园的设计中充分尊重了基址原有的地貌和植被，而不是处心积虑地搜寻奇花异卉。在追求自然效益的同时体现了景观设计的经济原则。宾夕法尼亚大学景观规划设计和区域规划的教授麦克哈格的景观设计思想在奥姆斯特德的基础上，又有了新的理论突破和技术提升。经过对基址的大气圈、岩石圈、土壤圈、水文圈、生物圈等本土自然因素的全面权衡和利用，仍然决定了建成景观的合理适度的经济原则。不少成功的实例证明，自然的设计同时就应该是经济节约的设计。

真正成功的城市公共空间设计在材料的选择和景观的创造上，应建立在对基址和乡土材料充分了解的基础上。乡土材料是最为经济节约的景观构建材料。美国景观设计师施瓦茨在这方面也做了有益的尝试。在她的作品中经常出现塑料、玻璃、陶土罐、彩色碎石、瓦片等价格低廉的材料，同样取得了良好的效果。巴西著名景观设计师布雷·马克斯设计的不少公共空间也十分经济节约。地处南美洲的巴西，有着丰富的热带植物资源，而其传统园林景观却大量从欧洲引进植物品种。布雷·马克斯发现了乡土植物的价值，把当地人看作杂草的乡土植物运用到自己的设计作品中，使它们大放异彩，创造了具有巴西地方特色的空间景观，经济和特色两全其美。[①]

相比之下，我们在从事城市公共空间设计中做得十分不够。许多城市的公共空间设计如前所述，求宏大、豪华、气派，全然不顾经济适度的原则，盲目加大投入，也造出了许多"三无"作品，无经济节约，无人性尺度，无本土特色。西方发达国家经济上比我国富裕，设计中尚能注意节约，不能不令我们深思。一些决策者和投资方总习惯于有了投入马上就要见效益，殊不知，景观营造作为一种独特的艺术创作过程，其投资的经济效益，不同于一般物质生产投入与产出之比的经济效益，而表现为城市环境的经济效益，即通过改善城市环境质量，为人民的生产和生活提供适宜的环境空间所带来的经济价值。这种经济效益并不是物质产品的增减，而是通过多种社会渠道，曲折地表现出来。尤其是有益于人民身体健康所创造的间接经济价值，更是难以用一般经济方法、以货币的形式计算的。[②]因此，盲目地加大投入，幻想立竿见影，这是不明智的。

三、普遍适用

前面已经分析了本土园林景观尤其是私家园林景观在服务对象

---

① 参见王向荣、林箐《西方现代景观设计的理论与实践》，中国建筑工业出版社2002年版，第115页。

② 参见周武忠《城市园林艺术》，东南大学出版社2000年版，第93页。

最

范围上的局限，这促使我们积极思考在城市公共空间设计中如何面向大众，尽力满足各种类型人群的需求，成为普遍适用型公共空间。当然，城市公共空间还可细分为更小的类型，如养老院外部空间、儿童游乐园、医院的外部空间、大学校园外部空间等，在这些公共空间的景观设计中，可以专门针对这些特殊的群体。然而类似广场、市民公园、滨水空间、邻里公园、企事业外部公共空间等的设计则不同了，因为到这些地方来的人群相对较复杂，从年龄上分，有老、中、青、幼；从职业上看几乎是各行各业；从生理状况上分，有健康人、孕妇和残疾人；从居民住址看，既有当地居民也有旅游观光者。因此，这种复杂性要求上述公共空间设计必须是对各类人群普遍适用的。

公共空间的两个基本属性，公共性和可达性，都包含在普遍适用性设计之中。城市公共空间的普遍适用性设计，应照顾到使用群体的生理和心理两方面。生理方面，设计要充分考虑人们的行走、停歇、驻望等需求。园林景观设计在这方面优劣各半：路路可走，处处可歇，当然这是对正常人（生理方面）而言；而对于盲、孕、残、幼来说，这种迷宫似的穿插却有失仁爱。所以，就要批判地借鉴，合理地变通。在公共空间设计中将不同群体的利益兼顾起来，如在广场或公园中，既要设置匝步，又巧妙地设置安全坡道，大力发展普遍适用性设计。这种设计思想最初在发达国家得以推行，也被称为"无障碍设计"。美国重要的政治、文化设施几乎全都实施了普遍适用性设计，而且将其纳入了城市总体发展规划之中。日本也较早推行了普遍适用性设计。1973年，日本厚生省提出了"福利城市政策"，建议20万人以上的城市应达到普遍适用性设计，1979年又将这一设计目标推广到10万人以上的城市。我国是世界上残疾人、老年人人数最多的国家，如何在公共空间设计中实现普遍适用性设计，服务于大众尤其是特殊群体，代表着我国经济建设和精神文明的发展程度。发达国家的经验证明，在项目设计阶段先期将普遍适用性的原则考虑进去，要比工程建成后再补救改造的费用大幅度节省。这是我们在从事景观设计时应充分考虑的。日本设计师户田芳树规划设计了日本八千代市兴和台中央公园。该公园是新开发住宅区的配套工程之一，主要是为住宅小区居民服务。公园具有居民日常活动所需要的户外绿地空间，面积并不是很大，但是利用率很高，而且利用人群的年龄层也很丰富。户田先生在此项目中规划了几个不同主题的广场，把利用空间分成若干个不同功能要求的户外活动场所。其中的"发现之林"（图4-10）设计，充分考虑了普遍适用性设计理念，各种设施和林荫可供从幼儿至老年人自由利用。

在使用者心理方面，公共空间的设计也要统筹兼顾。前文提到人们到公共场所的目的是不尽相同的。诚然，有人到广场和公园等公共空间的目的可能是为了情感交往和获取信息，也有人出于融入自然、呼吸新鲜空气或是锻炼的目的。同样是公共空间的活动，也有不同的等级划分，有公共性强的活动也有私密、半私密的活动。千万不要以为人们去那里的目的就是精力饱满地来回走动，不厌其烦地与人交谈。真正成功的公共空间设计承载了多种活动的存在，公共空间的内在精神就在于它的包容。研究者调研了大量欧洲城市的广场后发现，有人使用的、富有生气的广场具有部分封闭和部分开敞并与另一城市空间相连的特点（C.Sitte，1965）。[1] 体育活动、社交活动、娱乐活动常发生在形状边缘明确并较开敞的空间中，而阅读、恋爱、小憩、看行人等活动则分布在较私密性的空间中。实现这些活动的共荣，需要借助围合和隔离，但利用实体隔离，效果并不理想。我国园林景观在这方面树立了典范，用花窗、矮墙、叠石、竹丛、树篱进行空间与空间的屏蔽、障景、连贯，虽隔离而视线又通

---

[1] 参见林玉莲、胡正凡编著《环境心理学》，中国建筑工业出版社2000年版，第186页。

图4-10 "发现之林",日本设计师户田芳树设计

透。只要留心借鉴,就可以创造出既能满足各种人群需要又独具本土特色的公共空间设计。遗憾的是,在当代中国城市广场景观设计中,出现在人们视野中的是一望无际的广场地平线和大面积平坦的草坪,而使公共空间充满生气的最重要因素 ——人,在哪儿呢?

四、生态效益

时下,"生态设计"已成为设计界乃至普通民众口中的时髦名词。在西方景观设计中,对生态的追求可以上溯到18世纪英国的自然风景式园林。19世纪后半叶,奥姆斯特德的早期作品就已经体现出景观作为自然系统的理念。查尔斯·艾略特 (Charles Eliot) 作为另一位更系统地进行生态规划的先驱，在 1900 年前后 (其时，哈佛大学刚刚开设景观设计学课程)，就用系统的、生态的途径规划来建立海岸、岛屿、河流三角洲以及森林保护地构成的波士顿大都市圈的公园系统。1969 年，美国伊恩·伦诺克斯·麦克哈格 (Ian Lennox McHarg, 1920—2001) 出版了《设计结合自然》(*Design with Nature*) 一书，在西方学术界引起极大的轰动。书中提出要运用生态学原理，研究大自然的特征，提出创造人类生存环境的新的思想基础和工作方法。这本书成为 20 世纪 70 年代以来西方景观设计师推崇备至的里程碑式的著作，从此，景观设计界竖起了生态主义的大旗。

麦克哈格认为，景观设计所要解决的是人与自然关系的问题，而西方人的傲慢态度和优越感是以牺牲自然为代价的。为探寻新的思路，麦克哈格将视线转向了东方，他发现东方哲学中人与自然密不可分，人的生存状态和社会的和谐取决于人对自然过程的尊重和适应。但是，麦氏又发现东方人与自然的和谐是以牺牲人的个性而取得的。如果说东方是一个自然主义艺术的宝藏，而西方则是人本主义艺术的宝库。这两种不同的哲学和艺术不必截然割裂，而是可以找到平衡点。这个平衡点就在于：我们既要承认人是自然不可分割的一部分，同时也必须尊重人的独特性，从而赋予人以特殊的生存价值、责任以及义务。而这正是生态学的思想精髓。①

作为景观设计的一部分，城市公共空间设计一直在贯彻生态设计的思想。正如麦克哈格所发现的，自然主义的设计观在中国早已通行了几千年。中国园林景观的设计无时无处不是在师法自然，妙造自然，融入自然。我国古代的哲学观和先民的理想景观模式以及

① 参见俞孔坚、李迪华主编《景观设计：专业　学科与教育》，中国建筑工业出版社 2003 年版，第 77—78 页。

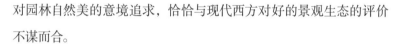

对园林自然美的意境追求，恰恰与现代西方对好的景观生态的评价不谋而合。

而现在，中国城市公共空间的设计者放着近在咫尺的宝藏不挖，漂洋过海到西方去取所谓城市美化的"真经"。好在我国仅仅处在城市化的初期，修补自己的纰漏还为时未晚。所以，公共空间设计一定要建立在重视生态效益的基础上。

五、技术沿革

新的科学技术的利用，始终伴随着城市化的进程。建筑业在这个过程中，必然逐步地实现工业化。与建筑业相邻，多学科交叉作用的景观设计业，在走向成熟的过程中，也势必摆脱传统的设计方法和手工式的操作。因此，景观设计和施工必将走向工业化的道路。城市公共空间设计和施工，作为城市建设和更新工程的组成部分，必然受到效率和工期的限制。实际上，传统工程亦是如此，不过在生活节奏加快的现代社会中，显得更加明显罢了。

然而，前文已说过，景观设计既是一门科学，同时又是一种艺术。艺术创作的不确定性、多义性，灵感的触发以及审美直觉的把握，是不可能量化的。作为景观文化的精粹，传统园林景观的设计和营造手段是先民几千年的智慧结晶和实践积累，许多景观的物质建构和精神建构是机械化生产所不能完成和产生的。如公共空间中陈设的雕塑和艺术小品，往往具有唯一性，亦无必要批量复制。又譬如叠山理水，审美效果很大程度上取决于工作者的艺术感觉，随机性极大。这种创作的微妙境界一直伴随设计、施工的整个过程。所以，在公共空间设计和营造过程中，既要对传统造园的优秀成分予以保留，又要锐意创新，敢于使用新技术。

从工程进程看，新技术的采用主要在以下几个阶段：1. 基址的调查、勘测、分析阶段。基址的选择和勘查，从模糊的前科学——风水学中进一步突破，科学性增加。从单纯凭感觉和经验，上升到对诸多方面具体的科学分析，主要在自然、生物、人类三个方面。自然方面有土壤、水文、地理、地质、气候等。其中土壤的情况包括，酸碱度、侵蚀度、排水性；水文包括，地表水、地下水；地理情况有坡度和海拔指数；地质上分表层地质和基岩；气候上分全球大气候和区域小气候。生物方面有动物和植物等因素。其中动物包括，哺乳类、鸟类、爬行类、鱼类等；植物方面分为生境和植物类型。人类方面主要有，社区需要、经济、社区组织、人口、土地利用、人类历史等因素。信息收集手段有航空宏观拍摄、地面拍摄、微观取样分析、社会调查、计算机数据整理等。然后将对基址在所有角度上调查勘测信息综合在一起，考虑采用的设计方式和对建成环境进行模拟。上述方法在麦克哈格提出生态设计后得以普遍推广，被称为"千层饼"模式。

2. 设计阶段。已普遍采用计算机辅助设计，利用多种绘图软件进行数字建模，能够从抽象和具象的层面把握未来建成景观。

3. 建设施工阶段。在此阶段，能够利用大型机械进行基址形态的改造。微观造景时，辅助机械工具更为丰富多样。营造材料方面也在传统的山石、水体、花木、草坪等的基础上继续扩展，出现了塑料、玻璃、水泥、钢铁、铝合金、搪瓷、纺织品、染料甚至食品等材料。景观维护工具也不断增多，不再枚举。

总之，城市公共空间设计与营造已由原来农业社会的手工模式渐次地过渡到利用现代科技手段，在效率、速度和质量上都将会有大的提高。在西方，这些手段的采用率和普及率较高。我国还处于借鉴和发展阶段，但随着经济的发展，对新的技术手段的利用率会逐步提高。但同时，也要继续保留和发扬我国园林景观营造的特有手段和技艺，如陶瓷、灰砖、琉璃等传统造景材料的制作方法和工艺。

第五章

借问西方城市景观

第一节
城市景观设计之缘起

　　17世纪早期，法国的一些大型皇家花园开始对巴黎的富裕阶层开放。马车的增多使得被皇家园林吸引的游览者不仅包括富有的贵族，甚至有新兴的资产阶级。他们成为杜伊勒斯花园、卢克斯堡园、阿森那庭院和帕里斯花园的常客。在传统以园林景观为欣赏客体进行游乐的习惯基础上，人们又开始借助于园林中的新型生活习俗获得欢乐，如米歇尔·柯南所说，"人们或在小路上漫步，或坐在椅子上，或靠在栏杆上观赏园中游人，新的生活方式促进了林荫道、新社交和一些窥探隐私模式的发展"[1]。花园中的新型游乐很快变成一种集体行为，演变成人们热衷的新风俗。

　　尽管皇家和贵族园林定期对公众开放，但总体而言，能够享受园林之乐的毕竟是少数人。18世纪中叶工业革命以后，一系列社会革命引起西方各国政治体制的变革，建立在工业发展和民主体制上的城市空间扩展改变其原有格局。除了原有的一些皇室园林开始真正对民众开放，城市中的现代园林也大规模建设起来。园林所承载

---

[1] ［法］米歇尔·柯南、［中］陈望衡主编：《城市与园林 —— 园林对城市生活和文化的贡献》，武汉大学出版社2006年版，第143页。

的普通民众的活动，除了传统的观赏和游览外，其他诸如健身运动、社会交往、新闻传播等内容也不断加入进来。

显而易见，西方城市公共空间的发展与西方传统园林的存在有着密切的关系。但现代意义上的城市公共空间的景观设计运动是一个具有极强时间阶段含义的概念，它基本上与现代建筑相伴生，并始终和建筑的发展亦步亦趋，简单地说，就是指现代的所有景观设计活动，时间大约从18世纪中期到现今的发展阶段。

18世纪中叶，英国实现了工业革命，机械化大生产成为主流。工业化的发展，致使西方许多城市日益成为工商业的中心。大量失地农民涌入城市成为产业工人，城市人口急剧膨胀。这给城市带来冲击和影响，主要表现为人口密度过高，居住环境普遍恶化，犯罪率增高；旧城市的传统布局被打破，以能源和交通为中心的新城布局或呆板，或混乱；交通繁忙，阻塞现象严重；城市污染严重，产生大量废物废水，垃圾成山，瘟疫流行。城市发展严重滞后，市民生活质量一落千丈。

从18世纪末，西方国家开始对包括城市公共空间在内的城市整体进行改造。从1811年开始，英国政府和伦敦市政府委托建筑师约翰·纳什主持伦敦的改建工程。他采用新古典主义和浪漫主义的方式，设计了一系列新商务建筑，利用新开拓的大道，将摄政王大道和公园大道连成两公里长的主轴线，所有交叉路口都设计了广场。路旁商店、银行、公共建筑林立，构成了伦敦新的市中心。从1793年到1868年，法国首都巴黎先后进行了三次改造和重建。第一次是在雅各宾党专政时期，主要为劳动阶级解决居住和交通问题。从贫困区开拓了几条大道，其中包括香榭丽舍大道；增加了街灯、建立垃圾中心、广泛进行市区绿化、封闭市区内坟场，改造面积占巴黎总面积的1/8。第二次改造，建立了以大凯旋门—协和广场—小凯旋门为轴线的市中心区域，以此为巴黎发展的中心。两门之间即长度为3

图5-1　巴黎香榭丽舍大道

公里的香榭丽舍大道（图5-1），道路两旁是开阔舒畅的绿化带和公园，公共建筑和宫殿建筑林立庄严气派。除协和广场外，还建立了一系列以纪念碑为中心的公共广场。第三次由尤金·霍斯曼进行史无前例的大规模改建，主要运用了巴洛克园林和城市设计规划方案。新建了笔直宽敞的95公里的新道路，改建、修缮、增加了一系列纪念性建筑，如把以大凯旋门为中心的明星广场直径扩大到137米；对整个巴黎市中心特别是塞纳河两岸进行大面积的绿化处理，建设了许多宽阔的林荫大道，使巴黎成为世界上最美丽壮观的城市之一。其他国家如荷兰、比利时、德国、俄国在工业化之后，也对旧城进行了程度不一的改造，扩展了城市的公共空间。但是，资本主义生产关系中，这种巴洛克式的城市空间改造，其服务的目的并不是为大众的，而是财富和统治阶级权力的炫耀。芒福德在《城市发展史——起源、演变和前景》中说道："资本主义经济认为，城市发展的规律意味着坚决无情地扫清日常生活中能提高人类情操，给人以美好愉快的一切自然景色和特点。江河可以变成滔滔的污水沟，滨水地区甚至使游人无法走近，为了提高行车速度，古老的树木可以砍掉，历史悠久的古建筑可以拆除；但是，只要上层阶级能在中央公园内驱车遨游或是清晨在伦敦海德公园的骑马道上放马漫步，没有人会关心城市中广大市民缺少公园绿地和休息场所。"① 此后100多年的时间中，关于城市空间的规划与建设，西方国家出现了不少新的思想和理论。法国建筑师托尼·加涅提出了工业城市的理论，西班牙工程师玛塔提出了带状城市的构想，英国社会活动家埃比尼泽·霍华德（Ebenezer Howard，1850—1928）提出了"田园城市"的设想。"二战"后，"田园城市"的思想在现代郊区城市规划中得以进一步发挥和运用。"田园城市"为圆形，大小直径不超过2公里，由中心和内环、中环、中外环、外环四层环带组成。城市外围广泛建立绿化带，步行可达，便于老龄人群和幼童的活动。中心向外分射六条通衢，每环都有环形公路，城外设高速公路。"田园城市"的中心是花园式的市民活动中心带，设有活动设施、文化设施、管理设施。周围环绕以居住区、公园、购物中心，控制居民人口，使城市中心的居住条件不再拥挤恶劣，而是充满田园美景的绿化空间。城市规划了大面积的公共空间，其中，中心公园的面积多达60平方公里，除外围的森林公园带外，城市中也到处是花木茂密的绿地，如林荫道、庭园等。城市公共空间作为人们工作、生活、休闲、娱乐的主要场所，在这些

---

① ［美］刘易斯·芒福德：《城市发展史——起源、演变和前景》，倪文彦、宋俊岭译，中国建筑工业出版社1989年版，第317页。

图 5-2　田园城市莱奇沃斯

理论中都得到了重视。英国于1903年在伦敦附近建设了第一个依据霍华德"田园城市"理论设想的城市莱奇沃斯（Letchworth）（图5-2），1919年建成第二个田园城市韦林（Welwyn）。尽管有的理论没有完全被付诸实施，但其中一些科学合理的规划和设计思想已相当多地在城市建设过程中被采用。

　　从19世纪中叶开始，城市公园在美国兴起，内涵扩展的城市公共空间设计日益与一门新兴的职业联系起来。位于麦哈顿区的中央公园，被称为纽约的"后院"，是一处占地843英亩（1英亩等于4046.86平方米）的绿地。1858年，由弗雷德里克·劳·奥姆斯特德（Frederick Law Olmsted）和卡尔夫特·瓦克斯（Calvert Vaux）共同设计，前后耗时16年。公园共种植了50万株树木，修建假山、湖泊和草地及搭建30座钢石结构的桥梁和拱门。（图5-3）"景观设计师"这一职业称号在1858年在老奥姆斯特德的坚持下第一次在纽约中央公园委员会使用。

从1860年到1900年，包括奥姆斯特德在内的景观设计师在城市公园、绿地、广场、校园、居住区及自然保护地等方面所作的设计奠定了景观设计学的基础。1900年，奥姆斯特德的儿子 F.L.Olmsted Jr. 和 A.A.Sharcliff 首次在哈佛大学开设了景观规划设计专业课程，1906年由老奥姆斯特德主持哈佛的景观规划设计专业教育。之后，景观规划设计的研究和工作范围进一步开拓，除城市公园、绿地、广场、校园、居住区等空间外，还囊括了农场、地产开发、国家公园、城乡风景道路、高速公路系统，最后朝着设计整个人居环境前进。此后，西班牙工程师索里亚·伊·玛塔（Arturo Soria Y. Mata）于1882年提出带状城市理论；1929年建筑师斯泰因（Clarence Stein）

图5-3　美国纽约中央公园

和规划师赖特（Henry Wright）按照"邻里单位"理论模式，在美国新泽西州规划了瑞德波恩（Radburn）新城，并将其布局模式发展成为瑞德波恩体系；1922年，雷蒙·恩维出版了《卫星城镇的建设》一书，并提议在大城市外围建立绿化带；后来芬兰建筑师伊·沙里宁和建筑大师勒·柯布西耶分别提出了"有机疏散"理论和绿色城市理论。在上述城市设计理论中，都对城市公共空间及其绿化给予了充分的重视。①

"二战"以后，西方国家偏重于生产和恢复城市建设，对乡村和保护自然资源却无暇顾忌，城市环境进一步恶化，资源的滥采滥用和环境污染问题已经迫在眉睫。1962年，蕾切尔·卡尔逊（Rachel Carson）的《寂静的春天》一书对环境问题敲响了警钟。1969年，宾夕法尼亚大学景观设计学系的麦克哈格（McHarg）教授，经过十多年的探索，理出一套将生态学原理和景观规划结合的规划思想，并出版其专著《设计结合自然》。从此，景观设计师扛起生态规划的大旗，景观设计学也走向了拯救城市和最终拯救地球与人类的最前沿。

不管景观设计的方法和理念走向何方，也不论是从简单的物质空间规划到为人的设计，再到整体生态化设计，景观设计的范围在相当大程度上和供人们享用的公共空间范围相互交融。因而，毋庸讳言，公共空间实质上是景观空间，景观设计的理论和实践同时也是公共空间设计的原则和借鉴。

---

① 　参见王祥荣《国外城市绿地景观评析》，东南大学出版社 2003 年版，第122页。

第二节
西方现代城市景观设计动因

现代城市公共空间的景观设计与西方传统园林景观有着千丝万缕的联系，但前者却是以后者为基础的逻辑上升。从思想范围看，主要有三个方面的因素：首先是对传统的否定。由于启蒙运动的长期影响，人们对钳制西方千年之久的传统思想和信仰体系，其中包括对古典主义和新古典主义的合理性和永恒性发出了质问。在城市建设上，人们尤其对古典主义和新古典主义园林景观能否满足现代人生活和精神需要与现代社会的发展产生怀疑。许多思想开明激进的理论家和园林设计师提出，城市景观应该随着城市的发展进步而变化，应该和时代的变迁协调一致，因此原来的封闭的、阶层性较强的景观场所是旧时代的产物，不能满足未来城市发展的要求，必须创造出新的城市公共空间来。

其次，景观不仅从功能上满足现代需要，形式上还应该有强烈的时代感。随着现代建筑的大量出现，改变着城市的结构、形象和社会生活结构，象征着新时代的来临。景观的设计应考虑到所处阶段和所处空间的独特性，而不是对历史上的风格和形式的抄来搬去，景观设计师应该有对未来景观的想象力和预见性。尤其是在机械化蓬勃发展的状况下，人们对机器的热情普遍高涨，并随之产生了机器美学。在新的美学价值观的导引下，不少景观设计师的设计思路发生了变化。

最后是对城市景观服务对象的思维转向。城市化的发展使景观建设突破了服务贵族和教会的单一目的，景观的公共性大大增强。从建设资金来源看，由于资本主义的发展，已经由贵族和教会投资的狭小范围转化为多元的、广泛的社会资助，特别是日益成为社会主导阶级的资产阶级。作为独立的投资个体，资产阶级对景观建设有着各自不同的喜好，尤其表现在审美品位的多元化和对景观艺术风格的多样化追求上。景观在现代社会被赋予了新的意义，不再单纯是上流社会浮华的物质生活的附庸，而成为大众的、平民化生活的一部分，一定意义上象征着社会生活的民主和进步。

第三节
西方现代城市景观设计取向

一、总体性设计

在对城市建设的设想和探索中，总体设计作为城市建设一种系统的方法得以总结完善。1915年盖兹出版了《演进中的城市》(*Cities in Evolution*)一书，阐述了与文明、生活、艺术和科学休戚相关的生态学，体现出特有的远见卓识。他认为自己的观点是对亚里士多德主要见解的发展，即把城市当作一个整体来看。他的思想与英国学者埃比尼泽·霍华德(Ebenezer Howard，1850—1928)发起的田园城市运动并驾齐驱，这些思想逐步启发并形成了"二战"时期刘易斯·芒福汀在《城市的文化》中的思想，并启发了1943年在规划伦敦城时的生物分析。在欧洲，"一战"结束时，一种集体式的景观观念也已见雏形。[1]总体设计理念的运用范围不仅包括整个城市的规划和设计，还向两个方向拓展，小到城市公共空间场所的设计，大到区域发展规划。凯文·林奇认为，"总体设计是在基地上安排建筑、塑造建筑之间空间的艺术，是一门联系着建筑、工程、景园建筑和城市规划

_____

① 参见吴家骅编著《环境设计史纲》，重庆大学出版社2002年版，第220页。

的艺术"①。其中景园建筑学是 Landscape Architecture 译法之一，因此城市景观设计是应该遵循总体设计原则的。

林奇在其著作中表露了对美国当时的总体性设计的失望，"试想，Katsura宫、意大利的广场和山镇，Bath 城的新月形广场住宅，赖特的塔里埃森冬季住宅，或是新英格兰的城镇绿化，都是那样优美动人。对比之下，今日美国绝大多数总体设计却是肤浅、草率而丑陋的。这反映技巧贫乏，也反映美国社会政治、经济和体制上棘手的结构性问题。造就场所与场所的使用被割裂；各种意图在改变、在相互冲突，而且未获深刻理解。总体设计可能是一个仓促的安排，其中，细部留待机会；或许是一个草率的土地重划，建筑以后再添加；也可能是最后一刻的努力把以前设计的建筑塞到某块可用的土地上。总平面被看作开发商、工程师、建筑师和营造商们所作支配性决定的次要附属物；同时，它们也是重要政府规章的课题"②。

事实上，总体设计是一门古老的艺术，不论是在西方还是东方，都曾经在城市景观建设中发挥过重要的作用。我国的《考工记》中就有关于城池建造的论述，但偏重于宗法礼制。此外我国城市建设也遵循《易经》中的一些原理，但后来被阴阳家演绎为风水学，逐渐走向了神秘主义。值得赞扬的是明代造园家计成的专著《园冶》，较为系统化、专门化地对园林造景经验进行了理论总结。在《相地》篇中他有针对性地提出了景观的整体设计意识。《相地》篇分为"山林地""城市地""村庄地""郊野地""傍宅地""江湖地"六节，长北先生认为，这六节"一一说明不同地域的特点及其相应的设计、施工

---

① ［美］凯文·林奇、加里·海克：《总体设计》，黄富厢等译，中国建筑工业出版社1999年版，第1页。

② ［美］凯文·林奇、加里·海克：《总体设计》，黄富厢等译，中国建筑工业出版社1999年版，第2页。

之道，足见我国古代，不仅对宅旁市区进行美化设计，山林、江湖、郊野、村庄等，莫不被视为居住环境的组成部分，有非常自觉的环境艺术整体设计意识"[1]。

在西方，古罗马的建筑师维特鲁威在公元前20年写成《建筑十书》，系统总结了建筑和城市建设的经验。这部书以当时的唯物主义哲学和自然科学为基础，阐明了几何学、物理学、声学、气象学以及哲学和历史学对建筑创作的重要意义，并且相当全面地建立了城市规划的基本原理。[2] 客观地说，我国在总体性设计的科学理论方面同西方相比，理论性和科学性都较为薄弱，对相关知识系统的总结还停留在经验的层面。西方在现代城市景观设计方面已经走过了100多年的历程，在总体性设计上有着丰富的实践经验和系统的理论值得我们学习。而我国在当前快速的城市化进程中，盲目地大搞所谓景观项目，背离了总体性设计的原则和主旨。这一点我们应该清醒地认识到，应虚心地向先进国家学习，切不可夜郎自大，有狭隘的民族主义思想倾向。

二、人性化设计

不同的设计意识在公共空间发展中得以外现：为宗教设计的公共空间，是为了让人们对神灵顶礼膜拜，使宗教仪式庄严而有序；为崇拜和纪念而设计的公共空间，不单单是为人们活动提供场所，更重要的是建立一种精神秩序，在人们的内心深处建立一种道德规范；为权力和财富炫耀设计的公共空间则象征着统治阶级的至高无上和对其他阶层的一种强制秩序，隐喻严酷国家机器的威压，是一种极

---

① 张燕：《中国古代艺术论著研究》，天津人民出版社2003年版，第229页。

② 参见陈志华《外国建筑史》，中国建筑工业出版社2004年版，第68页。

端的权力象征或秩序象征。当然任何形式的公共空间设计都不能完全脱离秩序制约，但现代人所需要的是真正本着人性的自然秩序而不是威吓、重压下的反人性秩序。

因此，要做到使公共空间符合自由人性的需求，应注重分析人的心理特征。人类对于事物的认知和需求，随着时间的推移不断发展和演化，认知过程又受自身的感知能力、知识水平、个人阅历、时代背景、周边环境所影响，对于公共空间的认识和需求也一样。较高认识能力和技术水平使现代人把高度民主和自由作为追求的目标。现代公共空间设计的目的不再为了神灵图腾、宗教祭祀、伟人崇拜，而是满足人们对回归自然和自由随意的社会交往需求。在公共空间中，人们希望更多的精神愉悦和情感交流，加强人与人沟通、人与自然的心灵交汇，培育健康完善的心灵世界，增强人情味道和群体亲近感。也就是说在现代公共空间中最基本的、最重要的设计要求是符合人性。

人性是什么？人性的本质特征是随机性、自由性、灵活性，这是人内心最基本的心理需求。人性不仅满足于单纯的空间物质功能需求，更多追求的是一种精神上的愉悦。这就是为什么人们追求个性空间、自由空间、开放空间的理由，所以现代公共空间的设计应以人性化为基点。诚然，并不是所有的传统公共空间都是反人性的，许多饱含历史文化和审美韵味的老街区、公园是十分贴近人性生活的。这些场所能激起人们对往昔悠闲岁月的回忆与向往，充满了温馨浓郁的人情味道，空间本身的历史文化渊源和独具特色的建筑风格能够满足现代人较高的精神需求，现已成为人们喜欢的公共空间。欧洲许多国家有着深厚的民主传统和人本主义思想，在对这类城市公共空间的保护和利用方面，比中国早几十年，这既是对历史和文化的尊重，更是对人的传统生活方式的尊重，说到底，是对人性的看重。相反，前文所述我国城市建设中的一些做法，特别是建设性破坏行为，则是十分违反人性的。

公共空间人性化和现代化生活方式并不矛盾，落后和困顿的生活状态使人们不能自由、随意地享受生活，同样是违反人性的。在公共空间的设计中，人性化和现代化也是相辅相成、密不可分的。

三、多学科介入

自奥姆斯特德自称景观设计师，并与其子创设了景观设计学学科，开展教学和科研以来，景观的含义和研究对象不断延展。表5–1是对这一历程的一个简单概括。

表5-1　景观的多重含义及其研究 [①]

含义	风景	地域综合体	异质性镶嵌体	异质性镶嵌体、总人类生态系统、风景等
来源	风景园林设计	地理学	生态学	地理学和生态学
出现年代	1863年，奥姆斯特德提出景观建筑概念	19世纪中叶，洪堡将"景观"引入地理学	1981年和1982年后，景观生态学在北美出现	1939年，特罗尔提出；1982国际景观生态学会成立
学科	景观建筑规划学	（欧洲）景观学	(北美)景观生态学	景观生态学
研究内容	土地发展规划、生态规划、景观设计和人居环境研究	水系统、调控功能、景观的多重价值研究	生境斑块格局与动态；格局—过程—尺度之间的相互关系；景观异质性的维持和管理	景观格局与过程的关系；尺度和干扰与景观格局、过程及变化的关系；景观生态学的文化研究

---

① 参见角媛梅等《景观与景观生态学的综合研究》,《地理与地理信息科学》2003年第1期。

尺度	小区、城市和区域	区域	几十至几百千米	人类尺度
方法		空间分析和综合研究	生态系统分析和数量方法	空间结构、历史演替与功能研究相结合
代表人物	美国的奥姆斯特德、Smyser、荷夫	德国的洪堡、帕萨格，苏联的贝尔格、宋采夫、伊萨钦科等	美国的 McHarg，Forman，Wiens；加拿大的 Moss，澳大利亚的 Hobbs 等	澳大利亚的 Hobbs，荷兰的 Zonneveld，加拿大的 Moss，美国的 Forman，Wiens，以色列的 Naveh 等

　　景观设计的范围由城市中的园林扩展到城市整体，再到区域生态环境以至整个人类生境，技术依托上也由简单的、传统的园艺方法，走向依靠多种现代技术和多学科参与。其中城市公共空间设计作为城市景观的内容和区域人类生境的关键部分，不但要观照人类自身，同时还必须协调生物多样化和环境的可持续发展。在公共空间设计中，针对不同基址特点和现状，可以分别采用自然式设计、乡土化设计、保护性设计和恢复性设计等方法。

　　奥姆斯特德于1857年在纽约曼哈顿区设计的中央公园和后来进行的波士顿绿宝石项链 —— 城市滨水绿化环带，旨在重建城市发展中日渐丧失的自然景观系，获得巨大的成功。在其影响下，自然式设计的研究向两方面纵深发展：一是依托城市的自然基础 —— 水系和山体，通过对开放性空间景观的设计将自然融入城市；另一是建立自然景观分类系统作自然式设计的形式参照系。

　　乡土化设计是以运用乡土植物群落突出地方景观特色的方法，造价上低廉，并有助于保护生态环境的可持续性。这种设计过程中应用植物学、气象学、土壤学等多门知识，达到了个体和种群生态结合。

1969年，麦克哈格在《设计结合自然》一书中，阐述了景观设计与环境生态效果的内在联系。自此城市景观设计真正进入生态设计阶段，并以此为基础形成了生态科技与景观设计结合的一门学科——景观生态学。

随着工业化、城市化、人口增长和废弃物造成的环境污染日趋严重，生态问题越来越突出。恢复性设计作为一种新型城市景观设计理念应运而生。工业废弃地的生态再生作为一个重要课题摆在人们面前，环保主义者和艺术家的参与在这方面做了有益的尝试，他们的作品被称为"生态艺术"。恢复性景观设计与生态环境科学联系最为紧密，作为人类应对现代工业对环境污染方法之一，综合运用了污染生态学、恢复生态学和人类生态学的基本原理，有极强的指向性和科学性。在一些国家和地区，一些废弃地生态恢复项目产生了良好的效果，起到恢复生态和美化环境作用，现已成为人们喜爱的休闲空间。

四、艺术的影响

20世纪初现代艺术蓬勃发展起来，立体主义、超现实主义、风格派、构成主义、极简主义、波普主义花样翻新流派纷呈，好不热闹。

景观设计作为一门艺术，势必要受到其他姊妹艺术的影响和渗透。事实亦是如此，现代景观设计从一开始就不断地从其他现代艺术中汲取营养，尤其表现在对形式语言的借鉴上。人类社会生活的变迁，艺术的反应最为敏感，尤其是视觉艺术形式语言的探索体现着艺术家观念的变化。新时代需要新的景观形式，对于景观设计师来说，要找寻能够表达当代的科技进步和时代精神的形式要素，现代艺术无疑是最丰富的源泉。毕加索（Pablo Picasso，1881—1973）、布拉克（Georges Braque，1882—1963）、阿普（Jean Arp，1887—

1966)、米罗（Joan Miro，1893 — 1983）、康定斯基等人的作品中的形式语言被景观设计师广泛借鉴。超现实主义绘画中的有机形态，如卵形、肾形、阿米巴曲线、飞镖形和抽象的平面点、线、面构成，可在许多城市公共空间景观设计中看到。（图5-4）

　　20世纪60年代以后，西方不断涌现出新的艺术思潮，如概念艺术、过程艺术、极简主义（Minimalism）艺术等。极简主义艺术作品特点多采用简洁几何形态或有机形态为基本语言，使用综合材料，有着强烈的工业时代的精神。极简主义的思想和作品不仅促进了大地艺术的产生，而且影响了"二战"后的城市景观设计。彼得·沃克（Peter Walker）是美国著名的极简主义风格景观设计师，他在景观构图上强调几何性和秩序感，多用椭圆、圆、方、三角，或对这些元素进行打破、重组和叠加。除重视使用传统材料外，他还大胆使用新型工业材料如钢、玻璃。他设计的景观有严谨的几何构图，植栽规则，大多按照网格状排列，整齐划一，灌木修剪成绿篱，追求花木整体的色彩和质地效果。

　　20世纪70年代以后，后现代主义观念从建筑运动中移植到其他艺术领域中，产生了广泛的影响和震动。在艺术观念上，后现代主义主张艺术大众化，反对艺术的精英化，意在抹杀艺术与生活之间的界限，导致许多新的艺术门类的产生。后现代主义艺术家认为艺术品不应只作用于视觉，还应该扩展到听觉、嗅觉、味觉、触觉等多种感官，形成综合的体验。后现代主义运动中，"环境艺术派""大地艺术派"应运而生，其中对景观艺术影响最大的是和极简主义密切相关的大地艺术。大地艺术多由艺术家参与，是行为艺术、过程艺术、概念艺术的融合，形式上继承了极简主义艺术抽象简单的造型特点。在大地艺术作品中，雕塑不是放置在景观里，艺术家运用土地、岩石、水、树木和其他材料以及自然力等塑造、改变原有的景观状态。著名的大地艺术作品如罗伯特·史密森（Robert Smithson，1938 — 1973）

图5-4 阿尔瓦·阿尔托设计的玛利亚别墅花园

的"螺旋形防波堤"、德·玛利亚（Walter De Maria）的"闪电的原野"和克里斯托（Christo）搞的一些"包装"作品等。

后现代主义设计极大地丰富了当代城市景观设计的语汇，一些在常人认为是不可思议和异想天开的创意和手法在景观设计师手中得到应用，后来逐步得到公众的理解和欢迎。作为对现代主义的精神反拨，后现代主义体现了人们对现代主义的前途产生质疑，对历史感、人文精神、地方主义色彩和丰富情感的追求代替了现代主义纯粹的功能性价值取向。尽管后现代主义景观设计不能从根本上否定现代主义设计，但它的确创造了许多新的和丰富的景观形式，成为现代主义之上的一个发展层次。正如后现代主义思想家查尔斯·詹克斯所说，"后现代主义就是在现代主义之上加点什么"。后现代主义的景观设计成为不同风格、不同时期、不同地域的历史主义和折中主义风格混成的作品。比较著名的后现代主义城市景观有罗伯特·文丘里设计的华盛顿西广场、查尔斯·莫尔设计的新奥尔良意大利广场（图5-5）和巴黎雪铁龙公园等，还有追求设计多元化的女艺术家施瓦茨设计的景观作品。这些作品极大地促动了西方景观设计潮流的前进。

图 5-5　查尔斯·莫尔设计的新奥尔良意大利广场

第四节
景观文化的转型例证

伴随我国城市化建设步伐的加快，"景观"一词出现的频率加剧，人们对生活环境景观品质的追求不断提升。城市景观在引进外来景观文化的同时，本土特色却遭到了空前绝后的抹杀，在景观营造经历了近20年盲目跟风和粗糙经营之后，人们应该冷静下来，环顾四周，反思一下自身所处城市景观的现状，才能对未来的景观规划一条适合自己的道路。鉴于此，我们不妨以国外和国内部分地区的景观建设为例，分析其转型的经验和得失，或许会对我们有所启迪。

一、日本

日本不但善于学习他国的先进文化，根据本土情况进行提炼和吸纳，通过传承转变为自己的传统，同时还能够坚持、弘扬和发展自己的本土文化。在城市景观向现代化转型的过程中，日本较好地处理了城市空间景观设计对本土园林景观文化的借鉴和发展，逐步形成了自己独特的面貌。

经过近千年的发展，日本园林景观已形成自己的特点，从单纯对他国的模仿变成了多元发展。日本的城市公共空间设计在现代化的进程中，同样接受了西方现代景观设计的理论和方法。然而在接受的同时，日本也最大程度地尊重本民族的优秀文化传统，通过细致的研究，尝试着将其同现代城市建设联系起来，业已取得了骄人的效果。

日本城市公共空间也经历了传统园林景观向公众开放，到近现代城市景观的发展和繁荣等阶段。现在，日本有很多城市就城市景观的发展制订了城市景观管理计划。正如美国景观设计师伊恩·伦诺克斯·麦克哈格在综合基址考察上运用的区域地质学的多层奶油蛋糕表达方式①，从生态、历史、社会、市政设施以及对市民发放问卷方式等方面着手，对现有公共空间进行质量分析，以便确立未来城市公共空间设计的方向，让不同城市都有关于本地景观设计的基本理念和原则，使城市形象统一。在景观建设过程中，日本设计师重视分析研究，发现问题，取得了可观的研究成果。

1. 在景观设计研究过程中，日本设计师发现了东方民族同西方民族关于空间理解的不同点。日本人口众多，城市密集度和市内建筑密集度都相当高，并且地震和相关环境灾害较多。不同于美国研究人员注重人的社会交往生活的研究，日本的研究人员更多地关注人群在外部空间中的流动、疏散和避免灾害等行为模式。20世纪60年代，槙文彦提出了"场所形成"理论。1982年，渡边仁史在《环境心理》一书中对日本的相关研究进行了系统总结。著名建筑师芦原义信归纳了多学科的研究，并结合日本实例，写出《外部空间设计》一书，阐述外部空间设计的原则。

2. 日本景观设计师十分重视人与场所的关系。场所乃是人在空间中把握世界和观照自身的起点和终点，不同的、众多的场所构成

---

① 参见［美］伊恩·伦诺克斯·麦克哈格《设计结合自然》，天津大学出版社2006年版，第20—35页。

了形态各异的景观。景观的特色和差异性依赖于人们对场所不同的体验，景观的成功与否取决于其场所的组织秩序是否与人对场所的认知和期待相吻合，能否满足人在场所中各种合理的行为要求。抓住了对人的要求的满足，也就奠定了景观空间存在的合理性。因此，日本的城市景观并不醉心于形式和花样的翻新，而是从关注人们的内心入手，务实地为人们创造出实实在在的生活场所。日本的城市空间十分重视开放性，不管是大规模的城市公园、滨水地带、邻里公园、街边绿地、寺观庭园，大部分都对公众和游人免费开放。公共空间内设施齐全，充分考虑人们的行为方式和心理需求。除此之外，日本城市空间景观设计也很注意对人的体能和精神的放松。一些公共空间的景观设计吸纳了"波普文化"的特点，仅仅是一些直观的视觉冲击，并不追求深刻的人生寓意，从而使人达到精神上的放松。从另一方面也看出了现代快节奏生活对人们的影响，呈现出景观多元化的局面。

3. 在满足人们的行为需要和心理需要的同时，日本公共空间设计还追求浓郁的本土文化特色和民族精神，体现出绚烂之极归于平淡的樱花精神；简单朴实、缓慢优雅的茶道精神；宁静致远、空明顿悟的禅宗精神等。日本著名景观设计师枡野俊明的设计作品，便是在公共空间设计中运用传统日本庭园的设计手法和技术手段，并渗透进了禅宗的精神。将人们的心灵世界同对自然的高度抽象化融会合一，这一点同中国人追求的天人合一境界一脉相承。另外，不少民族文化如民间、工艺、民俗等非物质因素也融进了景观中。

4. 从物质建构上看，不少日本城市景观采用传统的园林构景材料，如山石、植物。日本多山，岩石资源极为丰富，因而，设计师充分利用本土丰富而廉价的石材，在城市公共景观中大量用石构景，道路铺装也大多采用石料，如卵石、块石、条石或沙砾等。日本从政府到公众都特别重视绿化，植物亦是城市景观的必要元素之一。

在景观中，形态各异的景石与树木、花草相映成趣，自成一格。各种景观设施也尽量利用本地自然材料，石质或木质的，既经济又生态化。此外，新型材料的应用同样很普遍。

除设计师的努力外，日本政府十分重视各类城市公共空间生态的发展。全国有各种造景协会7个，已制订了5个五年计划。从技术上、资金上下达指标，批拨款项。从1991年公布的城市公共绿地建设的五年计划中可以看出，人均拥有绿地面积将达到7.2平方米以上，到2000年将达到10平方米。建设费用将由第四个五年计划中的31100亿日元(约合人民币3.1亿元)增加到62000亿日元(约合人民币6.2亿元)，比上一期增加了一倍。[1] 日本有着漫长的海岸线，常受到强风暴和海啸的破坏，为此，政府除在海岸线上加强采取各种防护措施，还建立200—300米宽的海岸防护林带。防护林的建立既提高了植被覆盖率，又改善了生态环境。景观设计师利用林带营造了海滨公园，扩展了人们休闲、交往、娱乐、健身的景观空间。日本的绿化工程在设计、施工、养护管理上都比较严格，投入大量的资金，最终换来的是高质量的生态环境回报。除政府行为外，公民的生态意识也相当强。由于独立式住宅居多，市民往往在庭院门前建一个或大或小的景园，形式风格各异，既陶冶了生活情趣，又增加了对自然的了解和热爱，使个人小环境融入城市景观的大环境。

日本对河流的整治方法和滨水地带的景观营造，也取得了良好的成效。近年来，日本人民对河流的景观也提出了要求，如，①清澈的河流 —— 不断流、水质清洁；②生动的河流 —— 不呆板、不单调；③多样的河流 —— 能形成多样的景观和生态系统；④独特的河流 —— 能反映本地独特的景观、历史、文化、风俗；⑤美丽的河流 —— 充满鲜花，有人工景点，公园化；⑥舒适的河流 —— 凉

---

① 参见丽萍编译《浅谈日本的城市园林绿化》，《绿化与生活》1997年第3期。

爽、舒适，并能给市民提供休闲、娱乐、体育活动空间；⑦文化的河流——充满文化、艺术、科学气氛，具有现代气息；⑧生命的河流——生物多样性丰富，生机盎然；⑨亲水的河流——人、水关系协调，引人入胜，便于人水亲近。[1]由上述看出人们对滨水景观的要求已经由追求青山绿水的自然景观美，转变到对滨水园林、水乡、水城、亲水建筑和水文化氛围等人文景观美的追求，并希望能够融休闲、娱乐、文化、景观等多种功能为一体。

在这种背景下，原日本建设省提出了建设多条自然河流的方针，也即：（1）自然的多样性。（2）自然的水循环。（3）形成水体和植被整体网络。在这一方针指导下，日本开始由"两堤一河"的水利建设向流域的全面治理转变。日本对河流治理和滨水景观的营造包括工程建设与非工程建设两部分。工程建设部分主要有：①流水储存——建设地下水库、地下水涵养；②水质净化——直接处理净化、土壤渗透净化、普及下水道，保持河流环境用水；③生态修复——建设多自然河流、生物控制、建设生态网络；④有效利用——排水的余热利用、处理水用于中水和环境用水等。非工程建设部分有：①视觉效果——水体、绿化与城市景观的相辅相成，如倒影、夜景等；保持河流的自然形态，包括河道轮廓、流态，如瀑布、河弯、深潭、蜿蜒、沼泽、湿地等。②文化氛围——创造市民交流和活动的场所，理解市民在信仰、旅游、园艺等方面的要求，满足艺术家在诗歌、绘画、文学创作等方面的要求；创造地区的风俗、乡土文化；创造对市民进行环境教育的场所。[2]

---

[1]　参见刘树坤《刘树坤访日报告：日本城市河道的景观建设和管理（九）》，《海河水利》2003年第3期。

[2]　参见刘树坤《刘树坤访日报告：日本城市河道的景观建设和管理（九）》，《海河水利》2003年第3期。

同西方国家相似，日本也十分重视城市内袖珍公园的建设。相对于普通公园而言，袖珍公园面积较小，往往处于市内高大建筑群的夹缝中。在这里通过人工植树、栽花种草、建立水体，也可以形成较好的小生态环境，成为都市居民逃避闹市喧嚣的理想休闲和游憩去处，既可满足人们对外界的瞭望和信息获取，又不受太多的干扰，可谓乱中取静。近年来，袖珍公园在日本发展速度很快，极受公众的欢迎。较优秀的设计案例是由日本藤田工业公司环境科学家直明内山所创建的袖珍公园，是一所办公楼的组成部分，不仅营造了优美的自然环境，而且生态性极强。水的处理经过以下流程：处理后的卫生间污水→园内的植物；大楼污水→大罐→养殖罐中水藻→鱼类的食物→鱼类的粪便→花木的肥料。此外，还利用园中植被，净化大楼、展厅内的污浊空气，效果非常好。通过袖珍公园这种形式，即使在高楼林立的市中心，也可营造清新优美的自然环境，人们高兴地将其称作"都市绿洲"。

现在，日本已经建立并逐步完善了融会本土园林景观文化和民族精神、具有典型的日本气质和意境追求的景观设计理论体系，成为现代东方景观设计的代表。

二、斯堪的纳维亚国家

北欧国家也称为斯堪的纳维亚国家，即丹麦、芬兰、挪威、瑞典和冰岛五国。北欧国家的景观设计有着相似的特点，都追求朴实、实用和美观，其风格自成一体、独树一帜，产生了世界性的影响。

北欧国家绵延于欧洲的最北角，均位于北半球高纬度地区，部分地方接近北极圈，冬季十分漫长，冬季的夜晚也比白天长。北欧五国饱受极地寒冷气候的困扰，使这些国家在文化和商业上产生共鸣，同时还保持着颇具社会影响力的"利他主义"行为模式。北欧特殊的气候条件使人与建筑、室内外环境的关系特别密切，在相当大的程度上影响了设计。"也许没有哪个国家的人民能如此雄辩而鲜明的例证作家劳伦斯·达雷尔所提到的'地方精神'——那就是通过野花、气候和环境所造就的风俗习惯，丰富地表达出当地特色。斯堪的纳维亚的风景塑造了它的人民及其生活方式，别无选择的气候条件永远是该地区优先考虑的事。物质需求造就了其价值观，地理环境决定论的表达方式在北欧人的日常生活中比比皆是，设计领域尤为突出"[1]。

北欧国家是高税收、高福利国家，人民生活水准普遍较高。没有过于突出和明显的阶层差别，知识分子、中产阶级、工人阶级作为主流社会人员构成，因而，艺术的发展主要依靠普通民众，而不是贵族和精英阶层。在设计界，始终以功能主义为主导，而不是像美国、法国那样向奢侈主义方向发展。建立在为广大人民设计审美、实用、耐久产品初衷上的"现代主义"设计运动，在北欧也得到了普遍的欢迎。为普通人而设计，但同时是精良的设计是北欧国家设计领域追求的最高境界，这一原则也体现在城市景观设计领域。

北欧国家地表起伏柔缓，有着完整的植物群落，平静深邃的湖泊，海岸线曲折，形态优雅，自然景观极具高寒地区特色。人民对自然有着强烈炽热的依恋，因此，城市景观设计表现出对大自然的向往。北欧的城市景观设计也特别重视本土文化的传承，善于从传统中汲取设计灵感，通过对现代主义设计思想的学习和变通，从而具有鲜明北欧本土特色。材料上同样是以本土所产砖、木材料为主，既重视经济性又追求生态性。在城市公共空间设计上，北欧的设计师从不哗众取宠，追求花样翻新和豪华奢侈，而是把舒适和实用作为第一要求，始终以严谨扎实的设计态度在渐进中寻求解决设计难

---

① 李亮之编著:《世界工业设计史潮》，中国轻工业出版社2001年版，第104页。

题的途径，从不异想天开地期待新奇事物的冒出。北欧国家的城市
公共空间设计以人们平淡的日常生活为基点，讲究实用性，而实用
的同时，也不乏浪漫温情。景观设计师常常采用自然或有机的形式，
创造出柔和、简洁并富有诗意的城市景观。北欧的景观设计师尊重
传统和自身的民族特色，几十年来较少受到外部环境流行风格的影
响，走出了一条既具本土化，又具现代化的道路。

北欧的景观设计师把城市景观设计奉为一门艺术而推崇备至，
从不以破坏自然为代价，因而，他们的设计在世界性大展中屡屡获
奖，赢得了世界人民的尊重。其中最有代表性的是瑞典和丹麦的设计，
如从1910年开始，瑞典植物学教授色南德(Rutger Sernander, 1866—
1944)就提出要根据现有景观的形式来设计公园的新风格。他认为
一定要关注基址的自然资源，只有在保持当地景观的前提下，再结
合草地、树丛进行设计，才能探索新的可能的形式。因为现有的景
观资源一旦被破坏，不可能人为再造，所以要考虑到景观的可持续
性，不仅为现在，也要让将来的后代拥有宝贵的本土自然资源。[1] 丹
麦设计师安德松的作品相当和谐地结合了丹麦的文化、艺术和环境
特点，形式清晰简洁，接近自然，满足各种需要。北欧国家以外的人
可能认为这过于平和，缺乏震撼力，但是，这恰是设计师的独到之处，
达到这种境界绝非易事，设计师为此付出了巨大的心力。

---

① 参见王向荣、林箐《西方现代景观设计的理论与实践》，中国建筑工业出版社
2002年版，第129页。

第五节

对我国城市公共空间设计的现实意义

    西方公共空间景观设计的缘起和发展历程，揭示了其生成的思想动因，以及现当代景观设计的价值取向和设计趋向。客观地说，西方城市公共空间设计从发生、发展到成熟，积累了丰富的经验并建立了较为先进和完善的理论体系，对我国当代的城市景观建设有着极为现实的借鉴意义。尤其是西方在治理城市环境污染上所经历的过程，可谓前车之鉴。

    蕾切尔·卡尔逊（Rachel Carson）在1962年出版的《寂静的春天》一书，在西方社会犹如一石激起千层浪，引起了人们的普遍关注。环境的生态质量和景观社会效益，成为人们最为关心的问题，公众对城市景观建设的参与越来越积极并且有效。相比之下，我国城市公共空间建设过程还不断出现一些不正常的现象，环境意识有待进一步加强。许多环境保护和景观改善的有益措施与思想还只停留在条文及口号上，尚未深入到人们的深层意识之中。典型的例子是一些城市在世界自然遗产项目申报上，积极筹措准备，一旦申请到手，则大搞旅游经济，过度开发，只顾眼前经济效益，不顾未来的生态效益和社会效益，大有杀鸡取卵、涸泽而渔之势。因此，有必要对西方景观设计经验和理论给予客观公允的评价，这对我国未来的城市景观设计有着重要的借鉴意义。未来我国城市景观设计在思想基础上，不可能再是为少数人的设计，经济的快速发展使得城市景观的面貌也要跟上时代的步伐。协调自然，观照人类自身始终是现代景观设计的理想追求，科学的思想和先进的技术将超越国界和意识形态的限制，为生活在世界的每一个角落的人服务，并将与不同文化、不同国家和地域的特性相结合，产生新的更高意义上的景观文化。

第六章

城市公共空间景观
本土化嬗变

20世纪末以来，我国的城市景观建设呈现出非理性特征，攀比西方的大尺度景观，广占土地，加剧了土地资源紧张状况；片面追求城市形象的快速改变，在破坏中建设，在建设中破坏，不顾后代，不讲生态；不加取舍地套用欧洲古典主义景观设计风格，使得千城一面，抹杀了或正在抹杀城市景观文化的地域性特色。当下，在城市景观建设开始回归理性，面临转型之际，思索如何构建具有本土特色的城市景观空间，是十分现实而且必要的。本书就此提出以下思路，以供商榷。

第一节
本土特色形成的途径

一、传承本土景观文化

　　首先要注意传承与利用本土景观文化。历史上，许多国家和民族通过独立的、纵向单线式发展，创造了辉煌的文化。其中，有的饱经自然和非自然的破坏，依然延续着自身的文化传统；有的则湮没于历史的沧桑变化中。景观文化作为其文明的一部分，也不可避免地受到各种性质力量的冲击，一部分得以沿革，继续为人们的日常生活利用；另一部分仅仅以遗迹的形式留存，早期古代文明中不乏此类例证。这些景观可视为一个民族、国家或地区自在生成的产物，带有强烈的民族特点和地方特色。民族和地方特色的形成有两种方式：一是独立发展，不受或较小受到异域影响，如16世纪前的美洲印第安文化中的玛雅人、阿兹特克人和印加人创造的景观文化；二是融合外来景观文化，但在发展中始终与本民族文化特性的演进一致，仍与其他国家和民族的景观文化有较大差异。中国和日本景观文化即属于此种类型。

历史已经雄辩地证明，景观文化可以经由一个独立的文化系统自由自在地生成。这种自在生成的方式，曾经是景观文化传承和延续的主要形式，然而，在现代社会却不可避免地面临挑战。现代人类和现代人类社会的发展和前途，已不像古代那样单一，而是交织成一个复杂的关系网。没有任何一个国家能在不与世界交流的前提下，再创造出伟大的文明成就。在这种情况下，景观文化还有没有独立发展的土壤、养分和内在动力，是我们不得不讨论的。面对这样的情况，我们难免对此充满困惑，密斯所创造的国际主义风格建筑已经改变了世界三分之一城市的天际线，本土景观文化的命运也绝不容乐观。

笔者认为，维护和发展本民族和本地区独特的景观文化应该是一个景观设计师最基本的良知和义务。在城市公共空间设计中，应当无条件地保护基址上遗存的传统景观，保存其丰富的文化信息。2000年9月28日，由中国风景园林学会、日本造园学会和韩国造景学会共同主办的第三届日中韩风景园林学术研讨会在日本冈山市举行，并达成以下共识：1.历史园林是超越时代的自然与文化的结晶。2.历史园林是与风土文化紧密相关的，融入当地特有环境，植根于大地的光辉典范。3.历史园林是文化景观的遗存，同时又是自然的象征，因而是具有生命的文化遗产。4.造园的构思、设计是调动人类文化精髓与自然要素相互融合，获得愉悦美好空间的创造性行为。会后发表了宣言，其中包括：1.在未来的城市建设中，要将历史名园作为全体市民的共同财富妥善保存。2.在有效地确保历史真实性的基础上，进行科学、合理的保护与利用，在此过程中必须加强与相关学科的联合，以更加广阔的眼界和更加深厚的科学基础进行协调，强化实施措施。3. 国家应制定更详尽的保护与利用历史园林的法规、制度，加强财政的、组织的、技术的措施和管理，形成合理的、实际可操作的方针、政策。[①] 这些观点和措施的提出，迈出了维护本土景观文化和合理利用本土景观的关键性一步，为现代城市公共空间设计提供了可遵循的方向和依据。

实践中，对有历史遗存的基址，在充分完整保留其历史文化信息的前提下，可将其设计成以历史遗存统领环境气氛的城市公共空间，完善周边的环境绿化和生态建设，使其变成既能提高和丰富人们历史文化和审美素养，又能怡情悦性的公共场所。

（一）开封龙亭公园

开封市是位于我国中原地区的历史文化名城，曾为七朝都会，地理位置十分重要。北宋时最盛，有汴河水运联通黄河、淮河及长江等重要水系，为当时全国政治经济中心。20世纪80年代开始，开封市文物部门经过长达20余年的艰苦工作，陆续调查、勘探和发掘了北宋东京外城、内城、皇城三道城墙和城墙上的部分城门以及城内的汴河、蔡河、古州桥等大批重要遗址，逐渐还原了当时北宋东京城遗址的形态。

开封龙亭一带，作为历代宫苑的遗址，具有深厚的历史文化积淀。新中国成立后，此处遗址被规划建设为城市公园，用于满足市民和游客的休闲与娱乐需求，现已成为开封市城市景观形象的重要组成部分之一。21世纪初，经过合理地规划和再设计，公园实现了

---

① 参见张松编《城市文化遗产保护国际宪章与国内法规选编》，同济大学出版社2007年版，第356页。

华丽蜕变。该园风景秀丽，底蕴深厚，极具本土文化特色，极好地烘托出这座历史文化名城的神韵，吸引了广大市民和来自四面八方的游客在此驻足徜徉。

据当地文物部门考古研究，此地最初为唐朝宣武军节度使衙署，五代后梁时期改建为建昌宫，后晋时期又改为大宁宫，后汉、后周以建昌宫为皇宫，北宋建都开封，以此为皇城。金也建皇宫于此。元灭金后，皇宫遂废。明洪武十一年（1378），太祖朱元璋将第五子朱橚封为周王，并于3年后命其就藩开封，在金宫基址上修建周王府。而今天的龙亭，就位于原来周王府的遗址上。开封龙亭一带，历史积淀深厚。由于开封地处平原，黄河在流经其地时成为高出地面以上十余米的"悬河"，极易导致泛滥淹没城池。事实即是如此，历史上黄河自然地或被人为地决堤，不同时期的开封城数次被厚厚的泥沙淤埋，从而形成了地下"城摞城"的考古奇观。丘刚在《开封城下"城摞城"现象探析》一文中写道："经考古勘探发掘证实，'城摞城'最下面的城池——大梁城在今地面下10余米深；唐汴州城距地面10米深左右，北宋东京城距地面约8米深，金汴京城约6米深，明开封城约5—6米深，清开封城约3米深。"①1981年，河南省文物研究所、开封市博物馆联合组建开封宋城考古队，对潘湖进行勘探工作，发掘出了周王府遗址。开封市在1981年至1986年间先后4次对遗址进行发掘，清理出大中型房址和门址、廊庑、院墙、亭子、花坛、水池、排水设施等遗迹。

龙亭公园占地大约1038亩，园林以原清万寿宫为中心轴线，由南向北依次为午门、玉带桥、嵩呼、朝门、东西朝房、照壁、龙亭大殿、后花园。轴线东西为潘、杨二湖，其他附属园林景观有东湖岛、

---

① 丘刚:《开封城下"城摞城"现象探析》，载刘顺安主编《开封文博》2001年第1—2期。

四季同春园、盆景园、月季园、梅园、长廊水榭、三孔桥、五孔桥
等。登上龙亭，可以从各个方向鸟瞰古城开封的美丽景致；漫步后园，
可以寻幽访古，体验皇家园林的历史和沧桑。（图6-1、图6-2、图

图6-1　河南开封龙亭公园

图6-2　龙亭公园鸟瞰南向市区

图6-3　龙亭公园鸟瞰东向市区

图 6-4　龙亭公园大殿后园林景观

图 6-5　龙亭公园中北宋艮岳园林遗留太湖石

图 6-6 龙亭公园大殿西部荷塘

图 6-7 龙亭公园菊花会

图 6-8　龙亭公园菊花会

6-3、图6-4、图6-5、图6-6、图6-7、图6-8)园中尚有当年宋徽宗皇家园林——艮岳中遗留的太湖石，徘徊其间，不禁令人生王朝兴衰之叹。如若深秋访园，适可逢菊花会之盛景。满园菊花，品种各异，争奇斗艳，清香弥溢，加之人声熙攘，摩肩接踵，令人似有重回东京盛世之恍惚。

（二）沈阳北陵公园

北陵又称"清昭陵"，是清朝第二代开国君主太宗皇太极以及孝端文皇后博尔济吉特氏的陵墓，占地面积16万平方米，是清初"关外三陵"中规模最大、气势最宏伟的一座。清昭陵除了葬有帝后外，还葬有关睢宫宸妃、麟趾宫贵妃、洐庆宫淑妃等一批后妃佳丽，是清初关外陵寝中最具代表性的一座帝陵，是我国现存最完整的古代帝王陵墓建筑之一。所以称为"北陵"，是因为其位于沈阳古城北约五公里之故。清昭陵园内遍植松柏，古木参天，荫翳蔽日；牌楼额坊，气势雄伟，雕镂精到；殿宇庄严，金碧辉煌，气度不凡。北陵公园是在这一清代皇家陵寝基础上加以现代园林规划设计理念改造而成的，随着城市规模的不断扩展，北陵公园已经被包入沈阳市市区，成为沈阳最具代表性的城市公共空间景观之一。扩建后的北陵公园占地面积332万平方米，除16万平方米的陵寝部分外，还含有4万平方米的植物园（芳秀园），30万平方米的水体部分以及其他景区。园中建筑形式皆遵循传统皇家建筑规制，特色鲜明，民族气息浓厚。园内植物繁茂，空气清新，鸟语花香，拥有极佳的生态效益，堪称城市氧吧。（图6-9、图6-10、图6-11、图6-12、图6-13、图6-14、图6-15）

北陵公园是我国近代公共空间建设的优秀范例之一。有西方学者指出："历史上那些魅力型领导（Charismatic Leaders）们，其出生或死亡的地点都被赋予了超凡的属性。圣祠或墓地的中央是最为神圣的地点，周围的空间都因此被染上了一层神圣的氤氲，当中的所有事物，哪怕是一草一木，都因此而显得超凡脱俗。中国人在很长一段历史时期都将皇陵周围的地域视为天然的公园。在那里，所有的活物都会沾染到圣主亡灵的崇高与神圣。这些地点满足了人们对宗教和游乐的需求。"[1]

据《近代沈阳城市公共园林》一书介绍："继清末政府新政之后，民国奉系军阀对沈阳继续进行了城市的改造与建设。内容包括：拆除了原有的城墙，规划开发出环城路，开设有轨电车线路，开发城市工业园区等。在城市公共绿地方面的建设有：在沈阳的大北边门、小

---

[1] E. H. Schafer, "The Conservation of Nature under the T'ang Dynasty", Journal of the Economic and Social History of the Orient, 1962, pp. 280-281. 参见 [美] 段义孚《恋地情结》，志丞、刘苏译，商务印书馆 2018 年版，第 221 页。

图 6-9　北陵公园南大门

图 6-10　北陵公园内清昭陵石牌坊

北边门外和新开河沿岸开辟了新的市民公园,还拨出经费在临近浑河已被荒废许久的苗圃内广栽树木,并重新整治疏通河道,随后向民众开放,以方便市民休闲游览,增加市民休闲活动的公共空间。奉系军阀统治时期,沈阳的城市公共园林伴随着城市的建设发展也

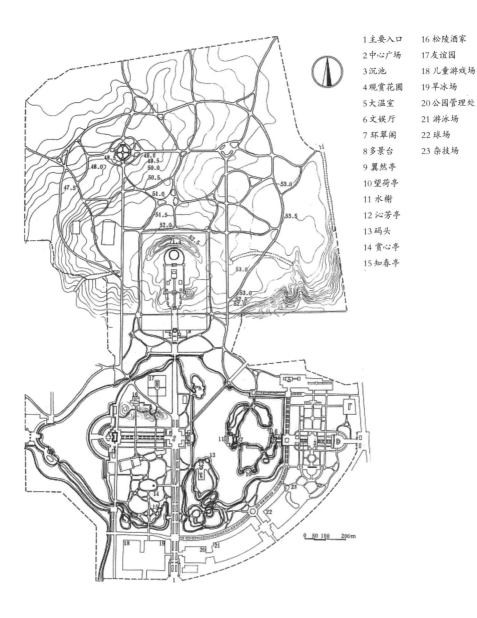

1 主要入口　　16 松陵酒家
2 中心广场　　17 友谊园
3 沉池　　　　18 儿童游戏场
4 观赏花圃　　19 旱冰场
5 大温室　　　20 公园管理处
6 文娱厅　　　21 游泳场
7 环翠阁　　　22 球场
8 多景台　　　23 杂技场
9 翼然亭
10 望荷亭
11 水榭
12 沁芳亭
13 码头
14 赏心亭
15 知春亭

图 6-11　北陵公园总平面图

图 6-12　北陵公园中轴线上的皇太极雕像

图 6-13　北陵公园中轴道路两侧的休闲活动区

图 6-14　北陵公园大道园林中的宝剑形栅栏设计

图 6-15　北陵公园以西城市街角的地域文化形象雕塑

在逐渐接近西方现代城市公园的景观及绿化形式。"① 民国时期，北京的皇家园林对普通公众开放，沈阳北陵公园也在这一时代背景下开辟而成并对外开放。从历史文献来看，沈阳的现代市政建设可谓

①　张健、李竞翔:《近代沈阳城市公共园林》，中国建材工业出版社2017年版，第47页。

领全国风气之先。时任奉天市市长李德新于1927年3月将北陵公园建设与改造提上日程，5月就已作为公园对民众开放，这一时间节点甚至早于南京的《首都计划》① 实施时间。此一时期，沈阳除沈阳故宫、北陵公园开放外，还新建了具有现代景观特征的城市公园和市民广场，以及对城市道路和广场进行绿化等。

之后，奉天市政府还专门制定了一个针对北陵公园的十年分期建设计划，计划将北陵公园建设成为一座大型的城市综合型公园。② 其中风景区与游乐场所所涉及的诸多设施说明，当时的政府园林建设部门已经非常重视民众的休闲娱乐等多种需求的满足。1929年，奉天市市长李德新又提出了扩建北陵公园的计划，拟建成总面积达6696亩的东亚地区"伟大的公园"。计划中说："新开河以北、北陵公园以南地势优异，风景绝佳，实具近代各国盛倡之田园都市形态。"③ 足以说明，当时奉天政府正在紧跟国际城市建设的步伐，颇有一些

---

① 《首都计划》是1927年4月18日中华民国国民政府定都南京后，发布的旨在对南京市进行现代化改造的城市规划文件。计划中的首都要求"不仅需要现代化的建筑安置政府办公，而且需要新的街道、供水、交通设施、公园、林荫道以及其他与20世纪城市相关的设施"。

② 公园大体上被分为三大园区部分，其中第一部分为植物园，以陵内自然生长的树木花草为主要景观，新建一座温室用来收集热带植物，供研究之用；第二部分为动物园，园内动物以东北出产的鸟兽为主要观赏对象，在供游人欣赏的同时还可以供学术研究之用；第三部分是风景区与游乐场所，风景区以天然景观为主，风格采用东北风景为主体，辅之以部分人工亭榭。公园内的建筑风格以中国古代传统样式为主，个别建筑为欧式风格。在公园各个景区内修筑规格、大小、用途不同的道路，并在公园南部靠近市区一侧而且不影响自然景观的地方设运动场，内容包括田径场、溜冰场、游泳池、足球场、棒球场、儿童运动场、高尔夫球场等设施。参见张健、李竞翔《近代沈阳城市公共园林》，中国建材工业出版社2017年版，第50页。

③ 转引自张健、李竞翔《近代沈阳城市公共园林》，中国建材工业出版社2017年版，第50页。

城市建设的前瞻性眼光。但不幸的是，该计划虽然获得张学良的批准，但却因日本关东军发动的"九一八事变"而夭折。

新中国成立后，园林建设部门充分考虑北陵公园的现有条件，在保持北部古松林原貌的基础上，重点对南部进行规划和建设。通过修筑园路，挖湖堆山，栽花植树，增加园林建筑，北陵公园现已经成为总面积330公顷的全市性公园。北陵公园格局主要由北部陵寝园区和陵寝南部的外苑部分构成。设计人员在外苑园林设计中充分注意现代园林形式和功能的实现，同时又要与北部陵寝的传统建筑样式相协调，最终将其营造为以传统园林风格为基调，又适应现代城市生活需要的现代园林。按照动静活动要求，设计师将全园功能区划分为文体活动和游览休息两部分。文体活动区设在公园南部主入口东西两侧，其他地区为游览休息区，以中轴主路为界，分成东、西两部分。水体面积由原来的5公顷，扩展到现在的33公顷。在原有陵寝植被面积基础上，增加植被110公顷。植物的配置，注意突出各景区景点的特色和植物生态与季相，以加强景物的感染力与构图效果。主要采用属于长白植物区系和华北植物区系辽东地段的乡土树种，全园树木达76000余株，90余种。[①]

北陵公园的发展和建设，体现了近代城市规划和建设部门对时代精神的快速呼应，以及发展现代城市，服务大众的抱负，值得推崇。其理想的建设计划虽因故未能实现，但在新中国城市建设中得到弥补。政府部门尊重历史，着眼当下和未来，对园林的规模和功能建设进行了巨大的投入，使其真正由一处庶民不可涉足之处，演变为承载普通市民休闲娱乐生活的公共空间。

---

① 参见中国城市规划设计研究院主编《中国新园林》，中国林业出版社1985年版，第27—32页。

二、借鉴异域景观文化

我国正处于城市化进程快速前进的阶段，这是现代化必经的一个过程。传统建筑材料和构造已经不能满足越来越多的城市居民改善居住条件的需要，而现代主义或国际主义建筑恰恰在功能上解决了这一矛盾。20世纪初，上海、武汉、北京、天津、哈尔滨等为代表的城市迈出了汲取和借鉴西方现代建筑的步伐，经过大规模城市建设，至20世纪末，绝大多数城市的面貌发生了根本性的变化。老城原有的规模和日渐增大的居住密度，使扩展城市公共空间迫在眉睫。而此时，从1793年的巴黎改造和1811年伦敦改造到当下，西方在景观营造方面积累了丰富的经验，十分值得借鉴。

正如陈志华先生所说，"每一个民族，无疑应该努力发展自己的民族文化，以丰富世界文化的总宝库，对人类做出贡献，同时，也应该而且必须向所有的国家和民族学习他们先进的东西，以补充自己的不足，有利于自己的发展。文化上的妄自尊大和排外攘夷，是十分愚蠢的态度，适足以表示无知和狭隘"[1]。取人所长，补己之短，进步之大道也。但需要指出的是，我们应持有严肃和谨慎的态度，要有辨析地引进，而不是盲目地贪大求洋。西方国家的城市公共空间设计有其特殊的历史背景，是建立在高度的经济发展阶段及其物质前提基础上的。在条件不具备的情况下如何结合现实进行设计？这需要我们慎重地思索。美国首都华盛顿的规划一味采用巴黎的规划布局，设计成以放射式道路和放射街道交汇的环形中心广场组成，人居其中，十分不便，而被美国人称为"最不具有居住功能的城市"。他们没有考虑当初巴黎如此设计是为了防止和及时镇压频繁爆发的市民暴动，而当时的美国并无此必要，结果是作茧自缚。同

---

[1]　陈志华:《外国建筑史》，中国建筑工业出版社2004年版，第98页。

样的例子发生在印度，国际主义建筑大师勒·柯布西耶受印度总统尼赫鲁委托，设计旁遮普邦的新首府昌迪加尔，无视当地具体地点、条件及人文背景，结果是不能满足当地印度人的生活需求，造成此地区至今没有汽车交通；城市和街区虽然宽敞，然而却是空空荡荡，毫无人气；粗野和非人性化的政府建筑使人敬而远之。教训是深刻的，我们岂可置若罔闻。在公共空间设计上，道理是一样的。国外优秀的、从功能和形式上可以满足我们需要的、能够丰富和补充中国景观文化公共空间设计的经验和思路，应该大胆地引进和吸收，但是同时需要我们更多地从诸多现实状况考虑问题，万不可"邯郸学步"。

三、变通与升华

城市公共空间设计的本土化过程包含着对所有人类景观文化的精华进行汲取和变通。汲取和变通基于两个向度：一是针对本民族景观文化，另一则是针对外来景观文化。长久以来，我们在实践中也一直在关注和追求如何将传统的景观精华运用于现代城市公共空间设计中。这一过程中，诚然涌现出一些优秀的作品，但客观地说，相当多的设计仍然停留在对传统形式的简单套用层面上。譬如，将古典园林的形式搬到现代城市公共空间中来，大肆动用人力、物力堆山凿水。城市自不必说，甚至小到每个单位都可见假山喷泉。许多城市在引进国外的景观形式上，趋之若鹜。然而，景观文化的真正发展决不似这般肤浅，不是简单地将传统的和异域的景观形式搬来就可万事大吉。从文化发展的角度看，这仅仅是低层次的剪裁或者说是移植，还没有上升到合理的融会变通及更深层面上的升华。真正把民族景观文化强化和把异域景观文化本土化是一个系统性的问题，它需要设计者从宏观的角度把握，从细微的层次体察，不是对传统和异域景观文化的外在表现形式断章取义，而是从与其相联系的多重因素中找寻出内在的、本质的规律，使景观设计既合乎自然的规律，又满足社会的发展和人类的需求。而这一规律是景观文化发展前进的基本规律，是没有地域或国别界限的。抓住规律性的一面，同时结合不同国家、民族和地域的自身特点从事城市公共空间的设计，才是设计成功的首要条件。在这个层面上，形式、符号、内容、技术都仅仅是景观本质和规律的附属，都是在遵循这种本质和规律下而自然衍生出来的，是一种凌驾于技巧之上的融会变通。所以，真正高明的景观设计大师的设计是看不出设计痕迹的，这是景观设计的至高境界，一如老子所言的"道法自然"。

第二节
景观设计本土化需协调之因素

一、协调自然生态

　　独具特色的区域景观往往与所处的自然环境关系密切。地理位置、气候状况和水文状况等直接影响本区域景观的物理形态，如中国和意大利、法国等欧洲国家的园林景观差异就极大。我国的地理位置独特，西面和南面有连绵不断的崇山峻岭和"世界屋脊"——青藏高原，北面是辽阔的荒漠，还有长达18000公里的海岸线，地质形态和地理状况可谓千差万别，气候也是多种多样，由南向北分布着热带、亚热带、暖温带、温带、寒温带等多种气候带，为全球所独有，地形地貌和气候的多样性决定了我国的城市形态不一而足，有高原城市、山地城市、平原城市、水网城市、海滨城市、盆地城市，城市的结构和布局形形色色；每个城市的气候状况亦各有不同，如此多的城市形态必然导致城市空间组织方式的差别，反映在城市景观空间上，其大小、形态、布局因地而异。

　　白浪河湿地公园是山东潍坊市政府根据当地地理条件和河流现状进行的生态整治与景观建构综合一体工程，较好地实现了生态效益和城市形象双赢效果。该湿地位于潍坊市市区西南部白浪河上游，是由地质学上所谓"曲流河"运动中沉积而成。在这一曲流河体系内形成了复杂多变的地貌单元，如河道、牛轭湖、天然堤、决口扇、河漫滩等。湿地是众多水生动植物和鸟类的栖息地，在自然生态链条中发挥着重要功能。20世纪70年代，潍坊地区的张面河、虞河和白浪河河床断流，污染严重，生态恶化。2007年之前，该湿地所在区域由于地处城郊，疏于管理，成为城市垃圾的倾泻地，污水横流，景象不堪。在成功治理张面河、虞河基础上，潍坊市政府主导对白浪河湿地开展生态修复性治理和景观设计，将其建设成一处融湿地景观、人文景观、休闲健身、观光游览等功能于一体的城市湿地公园。2010年，基础工程和景观工程基本完工。湿地公园总面积达1000多公顷，拥有国家ＡＡＡＡ级旅游景区、国家级水利风景区、国家城市湿地公园等多项荣誉。潍坊市也因拥有白浪河湿地景区，而获得"中国最具魅力湿地城市"称号。2012年初春，笔者带领学生到胶东地区进行专业考察，在此收获了良好的景观体验。

　　该湿地公园是城市发展中结合独特的地质环境和自然生态条件，设计建设为城市公共空间的优秀范例之一。（图6-16、图6-17、图6-18、图6-19、图6-20、图6-21）充分体现出对原有地质形态和生态的尊重，是这一园区设计的首要原则。设计者还结合当地的历史文脉，赋予其更高的地域文化特征和人文内涵。公园建成后已经发展为城市市民和观光游客喜爱的休闲游览空间，兼有影视创作基地、婚纱摄影基地、青少年夏令营基地、摄影家创作基地、艺术家创作基地、自行车训练基地、环保生态实验基地等附属功能。

　　公园最初由人文公园区、湿地科普区、休闲度假区三部分组成，后又根据经济社会发展，增加了商业片区的开发。现白浪河自南向北分为生态湿地片区、水景公园片区、景观绿廊片区、商业文化片区

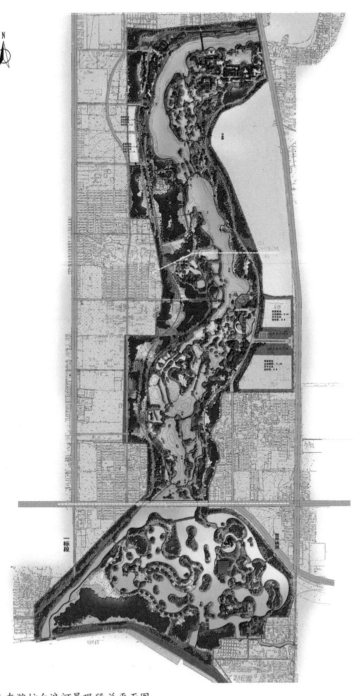

图6-16　山东潍坊白浪河景观段总平面图

图6-17　白浪河湿地公园大门造景

和休闲园林片区五大片区。

　　白浪河国家城市湿地公园设计核心理念是修复自然生态，实现可持续发展。修复生态的前提是要保证其作为水利景观所具有的本职功能即蓄水和防洪。在实现生态恢复的基础上，公园还兼顾人文景观的修复和新建配景仿古建筑，提升人文气息；适度增加商业片区，促进旅游经济发展。总体设计体现生态性、艺术性、多元性、社会性的统一。据《潍坊人居环境志(2003—2011)》介绍，湿地建设坚持"自然为主，修复为辅"的改造原则，尽量使用自然材料，减少对生态的破坏。最大限度保护原生性植被，不动原有的一草一木，大面积栽植菖蒲、芦苇、千屈菜、鸢尾、睡莲等水生植物，以改善水质环境。栽植柿子树、火棘等浆果类植物，吸引鸟类，丰富湿地内生物

图6-18 白浪河湿地公园中桥梁

图6-19 白浪河湿地公园中石雕

图 6-20　白浪河湿地公园中苏轼出行雕塑

链层次。① 园区内，现种植浮水植物、浮叶植物、挺水植物、沉水植物等各类水生植物达30余种，有效地恢复和改善了湿地区域的自然生态，成为众多野生鸟类如白鹭、须浮鸥、野鸡、野鸭、喜鹊、斑鸠、啄木鸟等，还有水生动物的栖息地。

　　由北门进园，向西游览，人文类建筑景观依次有清明水街、潍坊文化园、田园酒廊等仿古建筑群。园区西北角，即白浪河西北岸建有秋水云阁、花鸟街市等建筑群；向南前进，湿地中段的核心区东部建有湿地科技馆、综合休闲会所，西南角有槿篱农舍等；南段园区建有世外桃源、灯火渔庄、柳坞别业等建筑群。清明水街等建筑群采用钢筋混凝土仿唐代建筑样式。全园建筑物所占园区面积始终控制在较小的比例上。

① 参见潍坊市地方史志办公室编《潍坊人居环境志（2003—2011）》，方志出版社2014年版，第175页。

图 6-21　白浪河沿岸配置的古典建筑

　　为满足市民和游客亲水、观景的需求，园区建有30余处亲水平台和观景平台，建有40余座桥梁，实现了湿地水域各景观单元间的便捷交通。平台建设在水系外围，游人可在不破坏湿地环境的情况下，在平台上观鸟、赏景、垂钓。桥梁架设在水系和小岛之间，栈道深入景区内部，时而亲水、时而穿林，为游人提供了近距离观赏水生态环境的步道。[①]

① 参见李洪奎、陈国栋、王海芹等《山东典型地质遗迹》，地质出版社2015年版，第184页。

　　湿地设计重视艺术性，在园区设置了体现潍坊地域文化特色的景观小品，不同材质的艺术主题雕塑和指示性圆雕、浮雕分布各个景观节点处，有人物、生肖动物等，有效提升了景区的人文和艺术气息。

　　在公共空间设计实践中，即便在同一个国家、同一个地区，每个城市可能都有独特的自然环境条件。因此设计者应充分利用环境条件，强化景观特征和文化特色的专属性，方可提升城市意象和城市识别的鲜明性。公共空间设计没有一定的范式和模板可套用，从决策者到设计者都应明白这一浅显的道理，到处套用的形式语言和设计方案必然导致平庸。设计者和管理部门应该感受到千万纳税人所寄予的期望，不仅遵守项目设计的契约，还要有超越契约层面的道义责任。

二、协调经济社会

　　城市景观设计还要注意协调社会因素，突出表现在人口、土地资源、经济和交通等方面，中国人口占世界人口数的五分之一，人口问题一直是困扰经济发展的因素之一，城市化造成城市人口激增更是城市景观建设不可回避的问题，忽略了人口因素，急功冒进，简单粗暴的建设模式必然导致事与愿违的结果。我国人口和土地资源的矛盾相当突出，人均土地占有量相当于世界平均值的1/3。目前我国城市依然不断地向外围扩展，蚕食宝贵的耕地资源，日渐增多的城市人口的空间渴求以及农民对可耕地需求之间的矛盾难以调和，农民赖以生存的土地资源快速地被城市吞噬，掩蔽在现象背后的是包括土地利用政策、经济机制、商业运作不协调和经济利益的纠葛。

　　影响城市景观本土化的经济因素有直接和间接因素。直接因素为城市空间景观的分布方式及用地地价、公共空间的建设性投资，还有城市景观环境直接的经济产出。城市产业结构、消费结构、聚居环境水平以及由于公共空间引发的周边地块功能的增值又可称之为绿地联动效益，这些是间接因素。我国现阶段经济体制和经济增长方式就是通过这两种因素对城市公共空间的数量和格局产生作用[①]。这些因素在当代有鲜明的特点，具体到每个城市情况都不一样，值得城市建设决策部门和景观设计师深入研究。

长期以来，我国绝大多数城市的发展都呈现出"摊大饼"式的状态，靠近城市中心区的地价可谓寸土寸金。因此，这些土地如果作为商品房建设用地，房地产商往往要将容积率大幅度提升，使商业利润追求到极致。在房地产商那里，这种做法似乎是无可厚非的，因为他们本就是商业资本运作，从政府手中高价购买土地，要讲究投入和产出。资本的本质属性就是追求金钱利益的最大化，至于社会效益在他们那里是居于次要位置的。曾经有房地产商说过，"我没有义务为穷人建房子"，话语中带着资本血淋淋的丑恶属性，但反过来说，这确实是经济社会中资本运作的一般逻辑。

北京和上海这类城市，是"摊大饼"建设模式的典型，这一点从城市交通环线数量的不断增加就可以看出。城市中建筑面积和建筑密度的扩大，使得城市的"热岛效应"继续加剧，城市中心区的拆迁置换土地如果放任地产商去建设商品住房谋利，则不仅无助于改善城市中自然生态状况，对于老住户而言也是不符合"空间正义"的。因此，政府在统筹土地用途时，应进行全面衡量，协调本地区经济社会发展的现状，关注市民在休闲、健身、娱乐和交往方面的诸多需求。

以上海市太平桥地区为例，该地区隶属卢湾区管辖，为上海核

---

① 参见刘滨谊、吴采薇《城市经济因素对景观园林环境建设的导控作用》，《中国园林》2000年第4期。

心区域，1920年至1930年间兴建了大量的石库门建筑。新中国成立后，上海人口不断增长，往往几家人合住一个弄堂，居住空间十分狭小局促，杂物也堆放在弄堂里，人们的生活极不方便自由。石库门建筑虽然是上海地区建筑特色的重要组成，但伴随着城市的发展，其居住功能不能满足人们对美好生活的需求。在此背景下，卢湾区政府启动了拆迁和改造工作。太平桥地区原系打铁浜与晏公庙浜的汇合处，房屋密集，几经沧桑变化，已经看不到河流水系。卢湾区政府决定以环境建设带动地区改造，将整个太平桥地区建成一个现代化的国际性商住园区，同时保留一定的传统风貌和人文景观。商住园区的中心设计建造一处绿地，以打破原有建筑密集状态，并可以改善社区生态环境，缓解"热岛效应"影响，同时又是市民和游客休闲娱乐的好去处。当然，景观质量的提升，也带动了该地区地价和房价的上升。

太平桥绿地项目由上海市园林设计院和美国SOM公司合作设计，建设工期为半年。公园中心为一片宽阔的人工湖，湖的南岸堆造出连绵起伏的丘陵地貌，北面为开放式亲水湖滨步道。太平桥绿地水体北岸过马路为现代商用办公区，南面为新型住宅片区，湖东为地标性办公大楼，西面过黄陂路则是以中共"一大"会址为代表的上海新天地历史文化街区。太平桥绿地公园于2001年6月建成开放，现在已经成为附近居民和上班族休闲与放松的首选场所。

此外，交通问题与城市景观设计本土特色的形成也有着密切关系。凯文·林奇认为，"特定的道路可以通过许多方法变成重要的意象特征"①。城市景观意象的获取多数依赖或通过交通的方式，比如城市中的林荫道、滨水地带、道路交叉点的公共景观区域等。我国许多城市有着极具地方特色的道路交通，既有规则式的，亦有非规

---

① ［美］凯文·林奇：《城市意象》，华夏出版社2001年版，第37页。

则式的；既有平坦的，亦有立体高差的；既有陆路的，又有以水路见长的。规划者和设计者若能把城市景观设计与本地交通特色巧妙地结合起来，独具本土风采的景观自会顺理成章地浮现出来。

三、协调城市文脉

文脉是城市景观具有独特内涵和特征文化的一部分，是"相对定格了的、物化了的、主题化了的文化，并将历史性要素和地域性要素作为其主要构成要素，而且，文脉具有贯通性和叠置性的特征"[1]。从景观文化上看，任何城市都有自己独特的文脉，包括历史性景观要素和地域性景观要素。同传统一样，城市文脉会通过城市的兴衰而不断地发展、更新，以城市的文化特色表现出来。如齐康先生所言，"城市文化特色是城市文化历史发展的积累、积淀和更新的表现。……城市的特色是人类聚居活动不断适应和改造自然特征性的反映。……城市的文化特色综合反映了城市的社会行为、观念、行为模式特点，反映了城市社会活动的总和"[2]。从本质上看，城市景观的特色不是单一的物质建设行为的结果，准确地说，是包括物质建设在内的一种文化行为的结果。优秀的城市景观设计，不是机械地运用浮华的形式手段，不是肤浅地显摆象征民族性的符号，而是从文化的层面，从根本上去尊重大到一个国家，小到一个城市的文脉和特色。王受之先生认为，在建筑领域中割断历史、割断文脉、否认民族文化、民族虚无主义的思想和行为，在建筑师来说，可视为一种对国家和民族的犯罪行为，不但要倡议杜绝，而且要作为一

---

[1]　刘承华：《园林城市的文脉营构》，《中国园林》1999年第5期。

[2]　齐康：《文脉与特色 —— 城市形态的文化特色》，《城市发展研究》1997年第1期。

种教育、行政的计划来杜绝 …… 非如此，中国建筑不足于屹立于世界建筑之林。[1]

天津意大利风情区的建设是天津市进入新世纪后对历史性街区进行更新和复兴的范例之一。政府将因历史原因归属于不同单位用于居住的原历史性建筑进行空间置换，通过适度地修缮，保证其原初建筑风貌，赋予其新的使用功能，如商业、休闲等，强化其道路、广场和建筑空间的开放性，使其成为满足市民和游客观光、休闲、娱乐、交往的需要，打造出一处新的城市公共空间。

这一历史街区范围东至民生路，西至北安道，南至博爱道，北至进步道，占地约10公顷。该地区曾是天津近代史上意大利租界地的中心区，租界内以风格各异、造型独特的西洋古典式建筑为主，是目前亚洲最大的、保存尚好的意大利风貌建筑群落。该地域也是历史名宅、名人故居的聚集地，曾有梁启超、曹锟、曹禺等一批近现代政治、文化名人在此居住，具有宝贵的文化历史价值。1902年，意大利在此地建立租界区，新中国成立后，收归国有用于居民安置。1976年，该区域建筑已年久失修，人群混杂，私搭乱盖现象严重，18万平方米房屋，居住了近5000户居民。该地区基础设施老化、生活配套落后，卫生条件极差，雨污合流，白蚁泛滥，住户在楼道里做饭、用炉火取暖，火灾隐患严重，电力、通信等管网不足，严重影响居民正常生活，对旧有建筑造成了极大破坏。[2] 尽管这一区域街道、建筑、广场、园林、树木损坏严重，但城市格局保存完整，建筑外形依然保持当时的特征，经过有效的保护和修缮，能够重新焕发

---

① 参见王受之《世界现代建筑史》，中国建筑工业出版社1999年版，第4页。

② 参见严定中、吕霞、刘薇、吴立刚《城市中心区中历史风貌区的保护与活化利用探索 —— 以天津原意大利风情区的保护性开发实践为例》，《城市发展研究》2019年第10期。

其社区活力。

1999年，该地段由中、意两国合作开发。天津市委、市政府主导成立海河两岸综合开发指挥部，成立海河公司，作为综合开发融资平台，强化历史街区改造的公益性属性和保护城市历史文化的责任意识，从而避免了由私人公司介入所可能导致的片面逐利和劣质化、庸俗化的改造结局。

规划设计部门按照梳理历史文脉，改造现有城市肌理以及开发和风貌保护相结合三个步骤依次进行。笔者根据天津建筑设计院有关设计人员发表的成果，作了如下概括总结。规划设计采取了甄别建筑文脉，延续建筑肌理，协调建筑风格，新旧有机搭配、单体与组群融合等规划和设计观念。按照当代城市生活的需求，本着原有街区的基本格局，重新梳理交通路线，做到以人为本。合理划分功能分区，主要分为商业餐饮娱乐、宾馆住宿和商务办公等三大区域，面向不同类型和属性的使用者。优化景观设计，参照意大利城镇景观体系，优化喷泉、绿地、广场、小品、照明设计，形成美丽动人的意式风景线。[①] 在更新过程中，十分注重借鉴欧洲国家对历史建筑保护的经验和方法，派出了专业技术人员到欧洲进行考察学习，并聘请国家知名设计公司和专家合作进行建筑和景观方面的更新。

2009年1月16日，更新后的意大利风情街对市民和游客开放，它见证过海河两岸的沧桑变化，成为承载着天津近代历史和文化记忆的魅力空间，也成为独具天津特色的开放性的城市"会客厅"。（图6-22、图6-23、图6-24、图6-25）意大利风情街的功能和气质的转变，所承载的不仅是历史的厚重，更洋溢着中国城市日渐接近复兴的荣耀和自豪。

---

① 参见王绍妍、杨毅《意风宜景中的城市印记：天津意大利风情区规划设计浅析》，《建筑创作》2007年第6期。

图 6-22　天津意大利风情区街道景观

图 6-23　天津意大利风情区街道喷泉

图 6-24　天津意大利风情区街道室外空间

图 6-25　天津海河滨水景观

南京老城南是南京文化的发源地，历史文化悠久。六朝时期，此地乃系城池的外郭，为本方士族南迁后主要聚居地。南唐时期所建金陵城改变了格局，首次将秦淮河南岸的稠密居民区与商业区包入城内，南城门即在现中华门处。宋元时期，城市格局基本沿袭南唐。迨至明初，朱元璋定都南京后，又调整城市格局，西北部为军营，东部为皇宫，南部仍为市民居住区和商业区，所谓"十里秦淮，金粉云集"便指此地，东水关与西水关之间的秦淮河两岸，当时依然维系着南唐金陵城时的格局。老城南部以夫子庙为核心，东西至城墙，南至中华门，北至白下路，是南京居民最密集的地区，延续至今，称为"老城南"，包括仓巷、评事街、南捕厅、牛市、夫子庙、白鹭洲、老门东、老门西等著名地区。关于门东和门西之称谓，即是"在南唐建城之际，门西和门东，其实要算金陵城中的新城区。……民间遂以处于都城南北中轴线端点的南门为地标，将南门以东的三角地称为'门东'，南门以西的三角地称为'门西'"①。明代画家仇英所制的一幅长卷《南都繁会图》以艺术性的提炼形象地再现了老城南秦淮河两岸的繁华街区风光和人文盛景，是城南片区在明代作为南京最富有市井气氛和商业生命力场所的图像明证。

　　2001年至2010年，门东地区历经三次不同类型的规划设计。其中2001年的规划本质上是打着危旧房改造名义的房地产开发计划，规划方案中虽对部分传统建筑有所考虑，但最终结果是门东地区被改得面目全非，历史文脉毁坏殆尽。

　　2005年启动、2006年编制完成的《南京门东"南门老街"复兴规划》将文化上的考虑上升了一个高度，规划目标是将老门东片区改造为全开放型的民俗博物馆，功能指向则为商业、旅游、休闲等。方案中针对非重要性民居拟采取推平重建的"镶牙式"做法。8月以两

———————

① 薛冰:《格致南京》，东南大学出版社2017年版，第113页。

院院士吴良镛、文物专家罗哲文为代表的16位著名学者联名上书国务院和建设部，请求停止老城南的拆迁行为，得到领导的重要批示。改造计划暂停，继续论证。但好景不长，次年，紧邻明城墙、中华门、内秦淮河的南门老街长乐渡片区以7亿元出让给香港雅居乐房地产，用地性质变成高档居住及商业用地，后被建成仿古别墅区。2009年，南捕厅所在的传统街区行将被拆除，再度引发强烈的社会反响。熙南里项目，事实上拆掉了除"甘熙故居"外的所有老建筑，以大量仿古建筑替代。国家派出联合调查组实地调查，"镶牙式"的改造遭到领导的严厉批评。

2009年，南京市政府提出坚持"整体保护、有机更新、政府主导、慎用市场"的方针，加强历史文化名城保护力度。2010年，由清华大学有关团队编制的《南京老城南历史城区保护规划与城市设计》通过专家论证。这一版《保护规划》的宗旨是全面保护，恢复历史街区的肌理和尺度，实行"小规模""逐院式""全谱式"的更新，不再依靠外来私人资金，而是成立国有开发公司——南京城南历史街区保护与复兴有限公司，利用国有资金运筹保护项目的实施。

2013年9月30日，伴随着南京城南历史街区门东片区箍桶巷"开街"仪式成功举办，一场在南京闹得沸沸扬扬而后引发全国舆论争鸣的关于旧城开发与保护之间的矛盾似乎画上了句号。街区中一些具有历史文化价值的建筑采取了部分修缮或落架大修的方式，破损严重且保护价值较低的建筑则采用了推平补建的方式，在建筑风格上予以协调。经过保护和更新的"老门东"历史文化街区开始迎客，可谓人气大涨，前来体验的不仅有此地原来的老住户，更多的是其他片区的南京市民和外地游客。"老门东"是南京为数不多的较好保留明清时期建筑文脉和风貌的历史街区，也是一处能够供市民和游客休闲娱乐的新兴城市公共空间。（图6–26）笔者之所以将其视为城市公共空间，并不仅仅因为此地沿着内秦淮河沿岸建造了滨水空间、

图6-26 南京老门东历史文化街区

街区内部小广场以及老城墙沿线的绿地公园，而是因为整个街区的老住户已经按照与南京市政府有关部门签订的协议，"腾迁"到了离此地较远的保障房社区。此地实质上不再承担社区居民的居住和生活功能，而是成为传统建筑风貌的历史遗存。其更新后的功能更多指向对现代人场所记忆的满足，对传统生活的缅怀、回味，甚至猎奇。它是一处兼具文化符号意义的文化消费公共空间，非遗的制作与表演、老字号餐饮、曲艺表演、名人故居等都是这所空间中被展示消费的文化产品。

尽管社会各界对于"老门东"历史街区的更新存在不同的看法，

如有学者认为,老住户的"腾迁"已经使此地原汁原味的社区生活形态被改变,门东成了徒留物质性建筑的"躯壳",失去了其宝贵生活文化之"魂";有学者认为,门东街区虽然最后由政府出资进行了"腾迁"和补偿,而非将土地出让给房地产商开发高档住宅小区,但在这种动迁过程中,老住户获得的拆迁补偿和政府获得的综合收益依然是不对等的,严重损害了老住户的利益,属于非正义空间生产。政府部门则认为老门东的老住户早已因历史原因发生了多次重组,人员成分混杂,不再能够代表老城南居民的传统生活文化,而且街区拥堵、乱搭乱建,呈现脏、乱、差的局面,严重影响了南京的现代化文明城市形象。现有的保护和更新状态,是南京市政府和南京本地精英、专家学者、老住户之间甚至包括媒体舆论博弈的结果,从最初的对抗,走向对话协商到相互间的妥协,堪称一场围绕名城保护的社会活动。

功过得失由历史来评判,笔者以为,至少老门东没有像其西部相邻的长乐渡片区那样,由政府和房产商组合"更新联盟"以远低于政府出让地价和建成商品房价格的拆迁补偿换取了老住户的房屋和土地的所有权,并将该地块变成了新兴城市富裕阶层的私家别墅,设立了严格的门禁,将"闲杂人等"挡在社区之外。从这一方面来说,老门东街区是幸运的,它依然传承了南京城南历史街区的建筑风貌文脉,依然是南京普通民众能自由地游逛、交往、娱乐的场域,充溢着新型市井生活的气息。

城市中人的生活观念、行为模式,是社会活动的特征;不同国家和民族人们的公共生活习惯和景观审美心理是其中重要组成部分,这是城市规划和景观设计人员在实际工作中应充分考虑到的。现代化、城市化和全球化使世界城市面貌趋同,也逐渐同化人们的心理、价值观和行为方式,人类生活习惯和文化类型的多样性开始遭遇前所未有的严重危机,但"景观"作为一个主客两分的概念,它的神圣意义和价值不在同一性，而在差异性。可以预言，景观设计师未来的重要使命之一就是维护和创造景观的多样化，对自然山水的迷恋，"天人合一"的理念以及玄淡、虚静和空灵的意境追求，构成了中国人景观观念的合理内核和思维精华。因此，我国城市公共空间的本土特色的形成要求设计要紧紧围绕国人特有的审美心理而展开。

第三节
本土公共空间景观设计发展趋向

一、景观类型多元多义

作为"早发内生型现代化"的英、美、法等国,早在16、17世纪现代化就开始起步,大规模城市化兴起。中国作为"后发外生型现代化"的国家,直到19世纪现代化才开始起步,而真正意义上的城市化高潮至改革开放以后才到来。从时间上看,中国的城市化进程相比西方国家落后。中国在近代城市化的过程中不得不借鉴西方的经验,以致在上海出现了城市建筑面貌的"万国博览会"现象。我国目前的情况是,在经历了漫长的农业社会后,刚刚开始工业化时,就面临信息化浪潮的冲击。城市建设不得不在几十年内完成西方花几个世纪才完成的进化过程。这就导致城市建设包括公共空间设计在内,一定程度上成为西方技术和风格的试验场。尤其是在加入WTO问题上,城市规划设计作为服务贸易谈判的一部分内容,中国与其他成员国达成了相互承诺。这意味着与城市规划密切联系的公共空间设计势必也要更多地向西方学习,因为在现代城市景观设计方面,我们的经验是十分匮乏的。而且世界已经进入网络时代,地域间文化交流变得快速便捷,相异国家间、民族间的文化资源可以共享。

国家和地区间的种族文化传统上和地理学意义上的界限已经被人类文化视野所超越，在物质生活得到满足的前提下，人们渴望更为丰富多彩的文化享受，渴望在有限的生命历程中体验不同的历史阶段、地域、民族的精华文化。反映在城市景观的建设上，将会出现多种公共空间景观文化的共生共荣现象。不同时代的、不同地域的、不同民族的、不同风格的空间景观文化可以经过设计师恰当的统筹安排，出现在同一个城市空间范围内。而这些景观形式，会逐渐与传统景观文化相互适应，彼此融合，衍生出新的公共空间的景观文化。此类范例在历史上并不少见，如西班牙的城市景观文化便是在继承和融会了来自中东地区摩尔人的景观文化形成的，古希腊文化也同时吸收了古埃及的文化。从逻辑上看，我国的改革开放力度只会越来越大，程度越来越深，城市公共空间建设也不会故步自封，呈现技术现代化和风格多样化的状态是必然的。

关于技术的现代化，前文已经提及，不再赘述。风格多样化既是城市现代化的必然，又是对信息时代的回应。我国现代城市建设的规划模式和建筑风格基本来自西方，作为一种系统，公共空间风格与前两者相互协调是其当然的逻辑发展结果。而如潮水般扑面而来的信息，又会渐次地改变和调整人们的审美趣味，使人们不可能再局限于欣赏和体验单一的景观格局。风格建立在景观的结构、形式、元素和趣味的组织上。风格的不同既依赖于结构和形式的规律性，又摆脱不了物质元素和精神架构的差异性。具体实践过程中，要求结构和形式规律紧密协调不同城市乃至不同街区和基址上独有的造景元素和地方文脉。例如，从西方殖民者登陆至今，上海外滩已经形成了以西式建筑为特色的城市景观带，今后该区域的任何公共空间的景观设计都应突出这一特点。但上海的城市建筑风貌并非全是殖民地建筑，还有中国本土风格的居住片区存在，如豫园所在区域。此外，上海还存在中西建筑文化耦合的社区区域，如大片的石库门建筑区域。对于像上海这样一个城市建筑文化包容性极强的城市，仅仅从协调外滩殖民地建筑的角度去考虑城市公共空间的风格和形式问题是狭隘的，也是不尽现实的。尽管存在了100多年的殖民建筑文化记忆，但上海毕竟是中国的上海，其文化的根基依然是扎根在中国的。上海市民生活文化是近代西方文化与本土文化的杂糅，城市公共空间景观建设风格类型的多元化和多义性是必然的。

城市公共空间景观风格的多元化建设原则并非局限在那些近代史上的开埠城市，即使是一些没有此类城市记忆的内陆城市也还可能存在区域民族文化的差异。我国多民族融合现实，形成了不少城市都存在民族社区的情况。特别是西南、西北和东北等地区，少数民族聚居较多的城市，在公共空间的景观形态的设计上更应该多考虑体现这一地区独特的民族文化属性和地域特色，考虑当地人们的生活习俗，而非单纯从技术性的层面创造一个公共性的场所这么简单。

贵州凯里南高铁站广场的设计无疑是令人印象深刻的，当人们一路看惯了所谓东中部城市的高楼大厦景观后，忽然驻足此地。你会由衷地发出慨叹，浓浓的民族风格建筑元素在广场周边铺排开来，让你耳目一新。回眸一望，凯里南站也是一座融现代建筑精神与民族建筑风格完美契合的高科技建筑。（图6-27、图6-28、图6-29、图6-30）在广场干栏式的廊屋下小憩一番，环顾蓝天白云，山间屋宇，顿时会让人忘却疲惫，得到心灵上的释放。

在2018年公布的山东省重点项目名单中，日照市五莲县白鹭湾

图 6-27 贵州高铁凯里南站

图 6-28 贵州高铁凯里南站广场景观

图6-29　贵州高铁凯里南站广场景观

图6-30　贵州高铁凯里南站广场休息区

艺游小镇 ① 名列其中。在国家文化和旅游部文化产业司印发的《2018文化产业项目手册》中，白鹭湾艺游小镇项目成为日照市唯一入选项目。笔者先后多次到访此地，发现在对于这一项目定位的描述中，很显然存在着阶段性的色彩。2017年，该项目主要功能定位为艺术旅游，但熟悉内情的人们都知道项目内涵并非如此单纯，其中还包括了相当比重的地产（主要为养老）项目。但伴随着一系列国家鼓励政策和城市发展战略的调整，白鹭湾也在不断地调整自己的方向，成为集社区生活、艺术创意、文化旅游、科技金融、田园综合体等多种功能的场域。此地虽在城郊，但由于其靠近五莲县城，离日照城区也仅20分钟车程的距离，而且集聚了大量慕名而来的市民和游客，在业态上，它与乡村旅游和"农家乐"形式差异很大，也不属于历史名胜景区，因此笔者倒觉得它更像是一处位于城郊的城市公共空间。在这里，似乎集成了公共空间的多种属性，开放性、休闲性、交往性、生态性、艺术性兼具，更是契合了城市公共空间发展所应具备的类型形态的多元化和文化功能上的多义性要求。由国内外著名设计师设计的谷之教堂、森林幼儿园、水街、梦之美术馆等一系列作品，让人领略到原创艺术的魅力；毗邻潮白河湿地，山水、空气、植被、鱼鸟等景观要素又让人品味自然；美术馆、剧场、书店、餐厅、游乐园满足了各类人群的交往和娱乐需求。这些优势恐怕与一些功

① 当地媒体大众网·日照介绍：白鹭湾艺游小镇位于市北经济开发区，项目总投资约32亿元，占地4000亩，主要规划建设一园八村。一园是指大地艺术公园，一期工程水云间文化中心包括山外山小剧场、吕中元美术馆、闲云剧场、若水创意工作室、踏香马术俱乐部、窑烤面包房、巢餐厅、童话公园、火车公园等功能区。二期工程包括水街、谷之教堂、森林幼儿园、梦之美术馆、客房、几米火车公园、字里窗间书店、温泉度假酒店等项目。八村是艺游一村（巧克力博物馆）、艺游二村（童话村）、艺游三村（乡村乐基地）、艺游四村（涂鸦部落）、艺游五村（艺术家）、艺游六村（民俗艺术村）、艺游七村（颐养园）、艺游八村（温泉小镇）等。

能有限的城市公园、广场、户外空间相比更加符合人们的综合心理期待。（图6-31、图6-32、图6-33、图6-34）

随着当代人生活节奏和工作强度与效率的提升，类型多元、功

图6-31　日照市白鹭湾小镇多功能空间

图6-32　日照市白鹭湾小镇几米火车公园

图 6-33　日照市白鹭湾小镇东望湿地

图6-34　日照市白鹭湾小镇荷塘

能多样的城市公共空间势必更能符合放飞自我、舒缓压力、亲情交流的心理愿望，得到人们的青睐。

二、经营方式由粗及细

城市公共空间质量的高低及功能效用的发挥，还取决于我们经营观念的变化。凯文·林奇非常重视建成景观的管理和经营，他说："稳定的人造景观是较少的。我们会看到法国中部、非洲西北部西班牙属地、日本或18世纪英国某些乡野，这些稳产高产区域急需人的不懈努力。通过精心经营管理，人们能够维持中间状态，这对实现他们的目的是合适的。物种和栖息地的多样性以及土壤、空气和水等基本资源也能得到保护。甚至可以设想，稀有营养素的循环和能源利用的有效性通过人的干预能够得到改善而不致失去对人类优先选择的适应性。但是，这将要求有创造性的经营管理。"①

长期以来，人们对城市公共空间优劣与否的评价，往往是看绿地覆盖率的多少、园林占城市面积的比重，还有广场的数量。为此，还有专门的条例和规范，并给予一些荣誉和激励，如花园式城市、卫生城、模范城、花园式单位等。以至于只要涉及城市形象提高，决策者和设计者首先想到的就是增加绿地、广场的数量和规模。这种做法诚然有其积极的意义，但如果只顾数量不管质量，就会背离初衷。毫无疑问，伴随盲目的规模和数量的扩张只能是粗放型的经营手段。民间有句谚语，"萝卜快了不洗泥"，说的是当萝卜在市场上销路好的时候，卖主就来不及或者是懒得再将其洗干净了，用在形容景观建设上出现的问题，也很形象化。摊子铺得越大，就越难以保证面面俱到，资金的拮据、人力的紧张、工期的限制、管理的漏洞都将会使景观质量大受影响。

靠近济南市西城高铁站片区的腊山河附近是一片新开发的居

---

① ［美］凯文·林奇、加里·海克：《总体设计》，黄富厢等译，中国建筑工业出版社1999年版，第31页。

住社区。令人意想不到的是在这高楼林立、立交穿越的狭窄而局促的河道东岸，竟然隐藏着一处令人神往的社区公园。（图6-35、图6-36、图6-37）这是依照腊山河的蜿蜒走向，遵循其固有的自然地貌，营构出一所颇具匠心的城市绿地公园。园中植被景观在生态肌理上与西边的腊山河水岸实现了完美的融合。园林由北向南被精心地处理成满载济南城市历史和记忆的一处文化廊道，通过精心设计的象征性景观节点和实体物质构件，勾画出济南城市文化沧桑流变的简明历程。园中处处可见设计者细腻的情感寄托，从体现城市文脉的击打编钟的木锥，加工粮食的石碾、马车轮毂、门楼户对，画像砖、老城南门、齐长城隘口、巨石堆砌、石亭子、老字号门楼、原始图腾刻画、民居院落、界碑、拴马桩，再到洋溢生态意境的池沼、锦鲤、花境、叠石、水岸、竹影、老树，令人流连、徘徊、思考、回味，南北距离仅一公里的园子，却足可以让人在里面待上半天。据

图6-35　济南腊山河公园

图 6-36 济南腊山河公园中齐长城造景

图 6-37 济南腊山河公园中池沼景观

说里面的老城砖、老门窗、石雕等构件都是设计者和规划部门精心收集的，无怪乎这样的公园会引来众多市民的关注和寻访。

城市公共空间的景观建设和设计应该小中见大、精心营构，力避粗糙应付的设计方案和建造施工，使景观的建设和经营手段实现从粗放型到精细型的转变。非如此，不能发挥公共空间优化生态环境和满足人们休憩与审美需求的效用。

三、景观尺度合理定位

景观尺度过大，直接造成场所的非人性化，加上配套设施的不完善，使其失去了根本的功能意义。有人开玩笑说，城市广场和绿地是给老天爷看的，因为巨大的尺度、轴线式布局和模纹花坛只有在高空向下俯视时，才能欣赏得到。此话不无道理。

事实上，西方国家的大尺度空间多为历史遗存，如意大利的圣马可广场是文艺复兴时期的产物；法国的凡尔赛宫和南锡广场群产生于古典主义时期，凯旋门广场出现于资产阶级革命时期，真正属于近现代兴建的大尺度公共空间并不多见。在现代城市中，西方国家更关注的是城市建筑群之间的小尺度公共空间建设与设计，如社区中的袖珍公园、学校和医院的户外小环境、高层建筑的立体绿化以及建筑之间的小空间景观等。20世纪60年代以后，西方的城市景观得到了极大的改善，城市的中心地带变得更加美丽，同时也更适合人们居住和生活。这主要得益于在修建摩天大楼的同时，修建了许多富有人情味的、符合现代生活要求的广场。广场成为地方性的开放空间，不仅是市民活动的场所，也是年轻的上班族午餐时聚集的地方。如旧金山的 Ghirardelli Square、波士顿的 Fanueil Hall Marketplace，都是私人拥有的广场；明尼阿波利斯的 Nicollet Mall、威斯康星州麦迪逊的 the Street Mall 则是在城市中心地区设立的露天广场，它们使工

作和购物更富有乐趣。^①这些空间在城市中的利用率非常高，真正
体现了对人的关怀和城市生态环境的改善，而且，一个共同点是尺
度并不太大。日本和韩国在小尺度景观设计上也取得了骄人的成果。
相比之下，我国在这方面还有很大的差距。

在建筑密集的城市中，立体绿化的理念已经在很多国家被践行。
楼顶绿化的做法不仅能有效地缓解顶层空间遭受阳光照射产生的热
积聚效应，同时还可以柔化几何形状的现代建筑带给人的僵硬和单
调的边界感。更重要的是，它为建筑的使用者开辟了一个亲近自然
和休憩交往的舒适空间。在有限的建筑屋顶空间中，树木、花草和
水体被精心地规划和安置，自成生态系统的同时，也发挥着改善城
市生态的作用。奥斯芒德森设计的加州奥克兰凯撒中心屋顶花园（图
6-38），呈现为自由有机的景观形态。屋顶边界部分三五成簇的树
木和绿篱，可有效屏蔽来自街道上的噪声，形成令人安静的围合庇
护体验。大面积的草坪为人们提供了自由休息的空间，人们可以在草
坪上享受简单的午餐、日光浴和交谈带来的愉快。曲折的泉池、喷溅
的水花，让人体验负离子带来的凉爽，恍惚置身于郊外的庄园。繁
忙工作造成的紧张和疲劳感，很容易得到了放松。

难波公园位于日本大阪市商业区，是立体绿化的又一处范例。（图
6-39、图6-40）远远望去，该地绿意盎然，绿荫密集，仿佛是夹杂
在高大建筑之间的一块坡地。沿着街道平面逐渐向上延伸，至顶部
有8层楼之高。树荫遮挡之处，你会发现各种类型的店铺，满足购物
和休闲需求。事实上，这是一处集成购物中心和办公空间的商业综
合体。其开发商是NK电气铁道公司，设计者是美国建筑师琼·杰德
（Jon Jerde）的设计公司，2003年完工。该方案设计在于营造人们在

---

① 参见俞孔坚、李迪华主编《景观设计：专业　学科与教育》，中国建筑工业出版
社2003年版，第42页。

繁华都市街区中久违的自然体验，将立体绿化的概念引入商业空间，以植被的柔性形态构成对僵硬建筑界面的异质性解构，令人耳目一新。在其命名上，设计者没有突出商业综合体的特性，而是将其命名为公园。正是这样的别出心裁，让人产生亲临体验的冲动。在这里，人们在层层攀升的空间中移步换景，浏览丰富的景观变化，树木、草坡、跌水、溪流，俨然是一座空中花园。所有景观都被规划在合理的尺度内，在保证了商业空间和人们的公共活动空间基础上，最大限度地增添生态空间，提升空间舒适度。

城市社区内部空间地价高昂，居民密集，动迁成本极大。采用净地方式，建构大尺度的公共空间往往耗资巨大，同时也容易破坏城市原有肌理和既有的生活功能。在我国，小尺度公共空间更符合国人的生活习惯和审美习惯，有着广阔的规划设计空间。只要决策部门和设计者充分考虑每个社区的实际情况，以民生角度为基点，相信各地有着本土特色的小尺度公共空间会不断出现。

图6-38　奥斯芒德森设计的加州奥克兰凯撒中心屋顶花园

图 6-39　日本大阪的难波公园

图 6-40　日本大阪的难波公园

第四节

渐进有效的发展模式

一、多要素的协同

　　成熟而完整的城市公共空间至少涵盖三方面内容：1.公共空间的物质要素建构；2.公共空间的精神要素建构；3.公共空间中使用主体的参与。这三个方面都离不开时间因素的限制。首先，公共空间的物质建构会有两个阶段：一是景观元素的组织阶段，我们不妨称之为工程阶段，这个过程中涉及基本的使用功能；另一个为景观元素的丰富和生态协调阶段，在这个过程中消融了公共空间与周边环境的生态界限，使两者合为一体，同时强化了使用功能。其次，公共空间的精神建构与物质建构紧密相关，在工程阶段，已经蕴含了基本的、简单的美学意义，但此时人们会感到景观美感是粗糙的、未经润色的。只有在景观元素不断丰富、生态日趋自然化后，人们才会有惬意的心理舒适度和快感，进而生成浓郁而成熟的审美愉悦感。最后，人对公共空间的参与也是从少到多，由谨慎地尝试变为积极地加入，再到成为稳定的习惯。最初，人们往往是带着好奇的心理进入公共空间，如果发现该场所在心理和生理上比较舒适，便会有作较长时间逗留的打算。在此基础上，人们会有对这一公共场所的认同感。认同感便是人们长期喜欢去一个公共空间的原因，并促使人们的行为完成从偶然性参与向习惯性参与的转变。综合上面三种情况，我们不难看出，城市公共空间的完善和成熟是一个在时间演进和空间中各项因素协同变化的发展过程。认识到这一点，有利于我们以客观而理性的态度看待城市公共空间本土化问题。

二、渐进有效地发展

我们曾经幻想在一夜之间改变我国的落后面貌，但城市公共空间的设计不是单纯的上项目、铺摊子，它是一个综合发展的系统，其中的环节缺一不可，需要我们做具体而微的工作。至于说到形成具有鲜明本土化特色的城市公共空间，它是更大的系统，是建立在每个城市成功的公共空间设计基础之上的。因此，我国城市公共空间设计本土化的过程不可能大规模地突变，而只能是渐进的、有效的发展模式。现阶段的特殊国情决定了渐进发展模式的必要性：1.中国城市环境建设同发达国家和欠发达国家的情况很不相同。同发达国家相比，缺乏一个长期的城市建设过程奠定的稳定基础；与欠发达国家不同的是，快速的城市化速度，使城市建设中泡沫经济系数加大，具有极大的不确定性。2.城市化进程和现代城市景观规划方面经验的困乏，决定了我们要谨慎从事。3.庞大的国家规模和地区间城市公共空间建设进程的不一致使我们更适合于渐进的发展。在渐进的发展框架下，要兼顾城市公共空间建设的效用性。主要应注意四个方面的问题：1.充分的空间景观功能和效益。首先，建设和设计过程中必须保证景观的质量，如物质元素和配套设施的使用寿命，以及建成景观的生态效益。其次是建成景观能够满足公众的多种需要，而不是只针对某一层次上的需要，如形式主义和风格的追求，只重艺术和审美而偏废了功能。最后是公共空间在社会中的渗透性。景观设计不仅仅是为了城市形象的美化，装点门面，更重要的是渗入城市每个角落，切实地融入社区人们的生活，成为社区的有机组成部分。2.公共空间的建设和设计的经济原则。做到少投入，多产出。避免异地取材，尽量利用本土的材料和资源。3.公共空间与城市建设环节和社会文化结构共生共荣。不应在未解决城市公众基本居住和生活需求与教育、文化等发展需求的情况下，片面追求公共空间。

三、嬗变的逻辑进程

任何一种文明都会经历由发生、发展、成熟到辉煌的过程，而文化的传承、输入、完善和输出活动必然紧密伴随这一进程。作为文明的两个必要条件之一，城市在发展中经历了太多的变故，恰恰是这些变故，构筑成今天多姿多彩的城市景观。城市公共空间是城市的眼睛和窗口，是一个城市文明的亮点，是城市的精华所在。真正富有魅力的城市文明首先取决于对优秀文化传统的继承，其次要敞开胸怀接纳异域先进的文化，渗透糅合，分解消化，从而产生新的更具活力的城市文明。这一城市文明既可以海纳百川，又兼具强劲的辐射力。历史上诸多文明已经以不争的事实证明了这一点。

我国的城市景观文化，唯有在传承和吸纳中求发展，非如此，不能满足现代国人对城市公共空间的需求。传统园林景观文化中有许多优秀思想精华，有着独到的营造技术和手法，有着体现人的物质和精神需求的创造观念、功能和形式。诚然我们也不能否定随着时间的推移，传统园林景观文化中有些内容和形式已不适应现代人生活节奏、生活方式和技术发展的要求。因此，对传统园林景观如何去粗存精，去伪存真，使其与当下的自然状态、人文背景和现代科学技术相结合，是我们永远不能回避的问题。以一个深层思维结构和观察视点去认识本民族、本地域和本土景观文化，以一种宽容和博大的胸怀和气度去审视和接纳异域景观文化，在此基础上建构新的本土城市景观，这是我国城市公共空间设计所应采取的一条客观现实的道路。

已经有国家在这条道路上走在了中国的前面，业已取得卓越的成果。作为有着五千年文明的泱泱大国，40多年的快速发展令世人惊叹。我们有着深厚的景观文化底蕴，只要我们以清醒的定位，确立现实客观的目标，采用渐进有效的发展模式，就一定会创造出独具中华风貌的城市公共空间。中国的城市景观文化，唯有在传承和吸纳中求发展，非如此，不能满足当代国人对城市景观空间的需求。以深层的思维和观察视点去审视本民族、本地域和本土景观文化，以一种宽容和博大的胸怀和气度去审视和接纳异域景观文化，在此基础上建构新的本土城市公共景观，这是我国城市公共空间景观建构应采取的一条客观现实的道路。

结 语

城市公共空间作为以往主要在西方文化背景下产生的新事物，伴随着现代化和城市化，在世界的每个城市生根发芽。尽管我国古代也有公共空间建设，但是，在几千年的专制制度下，公共空间建设一直没有真正发展兴盛起来。少数的公共空间往往是特殊阶层的私产，只在一定的时间向公众开放。因此，在公共空间的存在基础、普及度和服务出发点上，中国与西方相比，相差甚远。

改革开放40多年来，我国发展和建设的成就举世瞩目。但城市化的加快，也使得人与人、人与自然以及诸多社会问题凸现出来。时代的进步要求我们必须以开放和变化的眼光看待和接受事物，在公共空间建设上，我们奋起直追，有时难免出现失误。教训提醒和促使我们在城市公共空间的设计和建设中更加贴近正确的道路。不少国家在城市公共空间本土化进程中取得的卓越成绩，为我们提供了借鉴。我国是有着辉煌灿烂景观文化的国家，应该也有能力创造出拥有自身特色的城市公共空间景观。

城市公共空间景观的设计和建设一定要与本国国情密切联系起来，这其中需要全方位统筹考虑多种因素，而不是偏执己见，各自为战。不论是景观形式还是功能、规模，都应因地制宜，因时制宜，因人制宜。好大喜功造成的损失已经足以令我们警醒，文化资源和自然资源的有限性经不起太多的试验。如何对待传统文化和异域文化，是当下以至未来，始终要求我们以理性的头脑考虑的问题。

当代西方发达国家已进入休闲社会，城市公共空间的建设兴盛，甚至在某种程度上，变成玩弄艺术花样的试验场。有人不假思索地把休闲社会已经来临的理论搬到中国来，似乎经历了几十年改革开放和发展经济的中国，没有哪种生活模式和建设模式不能容纳，不屑于去计算当年我们赖以生存的土地资源减少了多少，不屑于去调查又有多少生物物种在推土机的前进中销声匿迹。忽略这些因素建立起来的公共空间景观将会是怎样奇怪的一种景象，它的根本意义又何在呢？

传统景观文化作为特定时代的产物，有其自身局限性，我们要客观而清晰地认识到这一点。现存的传统园林景观，我们大可以作为宝贵的本民族文化遗产来保护。在城市公共空间设计上，它们是我们取之不尽的灵感来源，有助于我们构建具有民族特色的城市空间景观。另一方面我们也应清楚，传统园林景观文化并不是万能药方。随着时代的进步、文化的发展和演进，在现代城市景观建设中，它的种种局限及不适应性也浮现出来，需要设计者在运用本土文化形式时要善于综合照顾方方面面的因素。西方现代景观设计理论是建立在科学的基础之上的，对人性的关注、对艺术风格的试验值得我们很好地借鉴，特别是其对生态的重视在一个世纪的时间内，后来居上，走在了东方的前面。这些都值得我们深思。同样，西方景观设计的实践和理论也是生根于自己的土壤中的，不问青红皂白，拿来就用是不理智的。城市公共空间景观建设本土化绝不是在艺术形式上对传统的简单套用和将外来形式与本土形式的粗糙捏合。艺术形式本土化的建构，仅仅是本土化一个层面，完整意义上的公共空间景观设计本土化要囊括自然、文化、经济等诸多的层面。本书的写作视角难免受自身知识结构的局限，一家之言，权作抛砖引玉。建构本土化景观文化是个庞大的课题，需要各方面、各学科的共同参与，既应该是理论上的，又应该是实践上的。吾将继续为此而努力。

参考文献

一、国外学者译著

[1]［日］芦原义信：《东京的美学 混沌与秩序》，刘彤彤译，华中科技大学出版社2018年版。

[2]［英］凯瑟琳·沃德·汤普森、彭妮·特拉夫罗编著：《开放空间 —— 人性化空间》，章建明等译，中国建筑工业出版社2011年版。

[3]［意］L.本奈沃洛：《西方现代建筑史》，邹德侬、巴竹师、高军译，天津科学技术出版社1996年版。

[4]［美］高层建筑和城市环境协会编著：《高层建筑设计》，罗福午等译，中国建筑工业出版社1997年版。

[5]［美］约翰·O.西蒙兹：《景观设计学 —— 场地规划与设计手册》，俞孔坚等译，中国建筑工业出版社2000年版。

[6]［丹麦］扬·盖尔：《交往与空间》，何人可译，中国建筑工业出版社2002年版。

[7]［美］刘易斯·芒福德：《城市发展史 —— 起源、演变和前景》，倪文彦、宋俊岭译，中国建筑工业出版社2005年版。

[8]［美］克莱尔·库珀·马库斯等编著：《人性场所 —— 城市开放空间

设计导则》，中国建筑工业出版社 2001 年版。

[9] ［美］尼尔·科克伍德：《景观建筑细部的艺术 —— 基础、实践与案例研究》，杨晓龙译，中国建筑工业出版社 2005 年版。

[10] ［美］莫什·萨夫迪：《后汽车时代的城市》，吴越译，人民文学出版社 2001 年版。

[11] ［英］克利夫·芒福汀：《街道与广场》，张永刚等译，中国建筑工业出版社 2004 年版。

[12] ［苏］列·斯托洛维奇：《审美价值的本质》，中国社会科学出版社 1984 年版。

[13] ［荷］高罗佩：《琴道》，宋慧文等译，中西书局 2013 年版。

[14] ［俄］普列汉诺夫：《普列汉诺夫哲学著作选集》，生活·读书·新知三联书店 1974 年版。

[15] ［意］马可波罗：《马可波罗游记》，李季译，上海亚东图书馆 1936 年版。

[16] ［德］黑格尔：《美学》，商务印书馆 1979 年版。

[17] ［法］米歇尔·柯南、［中］陈望衡主编：《城市与园林 —— 园林对城市生活和文化的贡献》，武汉大学出版社 2006 年版。

[18] ［美］凯文·林奇、加里·海克：《总体设计》，黄富厢等译，中国建筑工业出版社 1999 年版。

[19] ［美］伊恩·伦诺克斯·麦克哈格：《设计结合自然》，天津大学出版社 2006 年版。

[20] ［美］段义孚：《恋地情结》，志丞、刘苏译，商务印书馆 2018 年版。

[21] ［美］凯文·林奇：《城市意象》，华夏出版社 2001 年版。

[22] ［美］阿里·迈达尼普尔：《城市空间设计 —— 社会 — 空间过程的调查研究》，欧阳文等译，中国建筑工业出版社 2009 年版。

[23] ［法］勒·柯布西耶：《光辉城市》，金秋野、王又佳译，中国建筑工业出版社 2011 年版。

[24] ［美］阿尔伯特 J.拉特利奇:《大众行为与公园设计》,王求是、高峰译,中国建筑工业出版社1990年版。

二、国内学者著作

[1] 贺羡:《批判理论视阈中的协商民主》,重庆出版社2017年版。

[2] 李德华主编:《城市规划原理》,中国建筑工业出版社2001年版。

[3] 朱青生:《没有人是艺术家,也没有人不是艺术家》,商务印书馆2000年版。

[4] 胡志东、任继文主编:《环境生态学》,白山出版社2003年版。

[5] 俞孔坚、李迪华主编:《景观设计:专业 学科与教育》,中国建筑工业出版社2003年版。

[6] 邬建国:《景观生态学——格局、过程、尺度与等级》,高等教育出版社2000年版。

[7] 俞孔坚、李迪华:《城市景观之路——与市长们交流》,中国建筑工业出版社2003年版。

[8] 潘谷西主编:《中国建筑史》,中国建筑工业出版社2004年版。

[9] 吴忠民:《渐进模式与有效发展——中国现代化研究》,东方出版社1999年版。

[10] 郑光复:《建筑的革命》,东南大学出版社1999年版。

[11] 金学智:《中国园林美学》,中国建筑工业出版社2000年版。

[12] 陈从周:《书带集》,花城出版社1982年版。

[13] 韩波:《中国民俗造物研究》,文化艺术出版社2016年版。

[14] 黄凤岐、朝鲁主编:《东北亚研究——东北亚文化研究》,中州古籍出版社1994年版。

[15] 梁一儒等:《中国人审美心理研究》,山东人民出版社2002年版。

[16] 周维权:《中国古典园林史》,清华大学出版社1999年版。

[17] 俞孔坚:《理想景观探源 —— 风水的文化意义》,商务印书馆1998年版。

[18] 刘庭风:《中日古典园林比较》,天津大学出版社2003年版。

[19] 陈志华:《中国造园艺术在欧洲的影响》,山东画报出版社2006年版。

[20] 吴家骅编著:《环境设计史纲》,重庆大学出版社2002年版。

[21] 刘敦桢:《苏州古典园林》,中国建筑工业出版社1979年版。

[22] 郑欣淼:《文脉长存:郑欣淼文博笔记》,故宫出版社2017年版。

[23] 鲍世行、顾孟潮主编:《城市学与山水城市》,中国建筑工业出版社
1996年版。

[24] 宗白华:《美学散步》,上海人民出版社1981年版。

[25] 王向荣、林箐:《西方现代景观设计的理论与实践》,中国建筑工业出
版社2002年版。

[26] 周武忠:《城市园林艺术》,东南大学出版社2000年版。

[27] 林玉莲、胡正凡编著:《环境心理学》,中国建筑工业出版社2000年版。

[28] 王祥荣:《国外城市绿地景观评析》,东南大学出版社2003年版。

[29] 张燕:《中国古代艺术论著研究》,天津人民出版社2003年版。

[30] 陈志华:《外国建筑史》,中国建筑工业出版社2004年版。

[31] 李亮之编著:《世界工业设计史潮》,中国轻工业出版社2001年版。

[32] 张健、李竞翔:《近代沈阳城市公共园林》,中国建材工业出版社2017年版。

[33] 李洪奎、陈国栋、王海芹等:《山东典型地质遗迹》,地质出版社
2015年版。

[34] 王受之:《世界现代建筑史》,中国建筑工业出版社1999年版。

[35] 薛冰:《格致南京》,东南大学出版社2017年版。

[36] 袁珂校注:《山海经校注》,巴蜀书社1993年版。

[37] 李继生:《东岳神府 岱庙》,山东人民出版社1986年版。

[38] 刘慧:《泰山岱庙考》,齐鲁书社2003年版。

[39] 张之沧:《人的深层本质》,陕西人民教育出版社1992年版。

[40] 张松编:《城市文化遗产保护国际宪章与国内法规选编》,同济大学

出版社2007年版。

[41] 吴延芝、孙晓华编著:《中华传统文化教程 —— 一份来自东方古国的文化邀请》,山东大学出版社2019年版。

[42] 刘顺安主编:《开封文博》2001年第1—2期。

[43] 中国建筑学会建筑历史学术委员会主编:《建筑历史与理论 第一辑》,江苏人民出版社1981年版。

[44] 中国城市规划设计研究院主编:《中国新园林》,中国林业出版社1985年版。

[45] 潍坊市地方史志办公室编:《潍坊人居环境志(2003—2011)》,方志出版社2014年版。

[46] 苏州市平江区地方志编纂委员会编:《平江区志》,上海社会科学院出版社2006年版。

三、中国古籍

[1] (汉)班固撰,(唐)颜师古注:《汉书》,中华书局1964年版。

[2] (三国)何晏注,(宋)邢昺疏:《论语注疏》,中国致公出版社2016年版。

[3] (南朝宋)范晔撰,(唐)李贤等注:《后汉书》,中华书局1965年版。

[4] (唐)康骈撰:《剧谈录》,古典文学出版社1958年版。

[5] (宋)郭茂倩编撰:《乐府诗集》,聂世美、仓阳卿校点,上海古籍出版社1998年版。

[6] (宋)郭熙著,周远斌点校纂注:《林泉高致》,山东画报出版社2010年版。

[7] (宋)《宣和遗事》,商务印书馆1939年版。

[8] (明)王永积辑:《锡山景物略》,台湾中华书局1984年版。

[9] (清)笪重光原著,关和璋译解:《画筌》,人民美术出版社1987年版。

[10] (明)计成著,赵农注释:《园冶图说》,山东画报出版社2003年版。

[11] (清)钱泳撰:《履园丛话》,中华书局1979年版。

[12]（明）计成：《园冶》，城市建设出版社1957年版。

[13]（清）曹雪芹、高鹗：《红楼梦》，商务印书馆2016年版。

四、期刊论文

[1] 章晓岗、王长富：《基于中韩园林文化认知的几点思考》，《北方园艺》2010年第11期。

[2] 韩相真：《汉城朝鲜时代皇家园林昌德宫的研究》，《中国园林》2000年第4期。

[3] 任光淳、金太京：《明清时代中韩古典园林置石造景比较》，《广东园林》2010年第2期。

[4] 角媛梅等：《景观与景观生态学的综合研究》，《地理与地理信息科学》2003年第1期。

[5] 章华英：《古琴音乐与东方哲学》，《中国音乐》1991年第3期。

[6] 丽萍编译：《浅谈日本的城市园林绿化》，《绿化与生活》1997年第3期。

[7] 刘树坤：《刘树坤访日报告：日本城市河道的景观建设和管理（九）》，《海河水利》2003年第3期。

[8] 刘承华：《园林城市的文脉营构》，《中国园林》1999年第5期。

[9] 齐康：《文脉与特色——城市形态的文化特色》，《城市发展研究》1997年第1期。

[10] 严定中、吕霞、刘薇、吴立刚：《城市中心区中历史风貌区的保护与活化利用探索——以天津原意大利风情区的保护性开发实践为例》，《城市发展研究》2019年第10期。

[11] 王绍妍、杨毅：《意风宜景中的城市印记：天津意大利风情区规划设计浅析》，《建筑创作》2007年第6期。

[12] 刘滨谊、吴采薇：《城市经济因素对景观园林环境建设的导控作用》，《中国园林》2000年第4期。

插图来源

图1-5来源于[法]柯布西耶:《光辉城市》,金秋野、王又佳译,中国建筑工业出版社2011年版,第203页。

图2-10、图2-11、图2-12来源于沈玉麟编:《外国城市建设史》,中国建筑工业出版社1989年版。

图4-8、图5-3、图5-4、图5-5、图6-38来源于王向荣、林箐:《西方现代景观设计的理论与实践》,中国建筑工业出版社2002年版。

图4-10来源于章俊华编著:《日本景观设计师户田芳树》,中国建筑工业出版社2002年版,第84页。

图6-11来源于中国城市规划设计研究院主编:《中国新园林》,中国林业出版社1985年版。

图1-6来源于 www.news.cn.

图3-1来源于呢图网 www.nipic.com.

图4-9来源于 www.sohu.com.

图5-1来源于 https://www.sohu.com/.

图6-16来源于 http://www.sdwfeia.com/law/zhengce/cheng-shi/834.html.

图6-17来源于 https://pic.sogou.com.

图6-18来源于 www.photophoto.cn.

图6-26、图6-27、图6-28、图6-30为敖秋凤拍摄。

图6-39、图6-40引用自https: // www.sohu.com博文：绝处逢生，成就城市峡谷：日本大阪难波公园(Namba Parks) 2017-07-17。

本书所用插图除以上标注来源外，其余均为笔者拍摄。

后 记

　　20世纪80年代初，我还在读小学，有一次陪着祖父到省城看望老亲。这是我第一次走出乡关，见识到外面的世界。偕行的是本村的一位异姓大姐，彼时，她正在省城一所师范大学读书，是引领我爷孙俩出门最好的人选。正值初春，春节刚刚过去，元宵节还未到，大姐所在高校行将开学。这是一次充满新奇、美好的旅程，至今还记忆犹新。老式的绿皮火车，是当时最快的长途旅行交通工具。一路坐过去，祖父与大姐先是聊天，后又闭目小憩，我则是双眼一直盯着车窗外闪过的风景。也许是首次出远门的兴奋和新奇，沿途的景象和地名依然还在脑海中深深地镌刻着。特别是行至泰山时，午后的阳光照在山的西麓，那种美妙的景观体验难以言表。到济南时已经是傍晚，下了火车，进入车站站房，我惊呆了。那是我第一次见到如此大的建筑空间，内部的装饰之豪华和漂亮是来自乡村的少年从未见过的。出了站口到广场上，我不住地回望这栋巨大的建筑，不禁被它的形态之美深深地吸引。这是一排颇有沧桑感的建筑，大块的石头作基础，尖耸的屋顶，漂亮的窗户，高高的塔楼。最令我新奇的是塔楼顶上竟然嵌围着一圈那么大尺度的钟表。尽管访亲期间，我有幸游览了英雄山、趵突泉、明湖、金牛公园，甚至还在八一礼堂看了场电影，但济南这座城市令我印象最深的还是老火车站的记忆，或许因为这是一个旅者踏入异地的第一个有特点的建筑空间吧。

1992年，我即将高中毕业，到省城赴考，惊异地发现记忆中的老火车站站房已荡然无存，周边场地一片狼藉。后来方知，就在头一年，即1991年，老站已经被拆除了。这让我感叹到世事变迁之快，让人难以预料。怎么这样一栋庞大、漂亮的欧式建筑就消失在地平线上了呢？既然拆除，一定有拆除的道理吧，当时单纯的我这样想：或许是伴随着国家改革开放的步伐越走越快，出门的人越来越多，老站空间已经满足不了使用需要了吧。但无论如何，具有美妙形态的事物消失终归让人感到可惜。

直至2012年，我已在省城一家高校任教多年，风闻济南老火车站要重建的时候，又勾起我对若干年所行经老站的尘封记忆。我敏感地觉得，这似乎已经成了一次文化事件，确有必要深入了解其中原委了。这座老火车站即是所谓"津浦铁路济南站"，是德国著名建筑师赫尔曼·菲舍尔设计的一座典型的德国风格日耳曼式车站建筑，建于1911年。火车站造型优美别致，甫一落成，便受到了国内外建筑家和百姓们的广泛赞誉。它曾是亚洲最大的火车站，"二战"后，德国人编制的旅行手册上将其称为"远东第一站"，还成为当时北京清华大学、上海同济大学建筑学教科书上的著名建筑范例。

在故乡济宁工作的七年间，闲暇时间我喜欢骑车带孩子到公园和老城的街巷游逛。那时公园还有围墙，要买门票；毗邻越河的南菜市和竹竿巷还未改造；最大的开放空间是学校的操场，还没有所谓的市民广场，甚至像体育馆这样的大跨度空间建筑也才姗姗来迟。但城市中依然有许多可以逗留和消磨时光的地界儿，马驿桥、浣笔泉、太白楼、越河涯、一天门、铁塔寺、翰林坑涯、南门口、玉堂酱园、阜桥口、小闸口、东大寺、东门里、北门里、奶奶阁，都留下了我们的足迹。虽然离开故乡已二十余年，脑海里依旧是关于故乡景观的温馨记忆。济宁作为运河漕运史上一个山东境内重要的城市，曾经辉煌一时，素有江北"小苏州"之美誉。伴随着运河水系的断流，它在经济和交通上的重要地位渐渐衰落。但通过运河自南方传播过来的精致生活方式，依然还保留在老济宁人的生活习俗中，热衷服饰时尚、追逐美食文化、交游尚义等文化属性还是那么鲜活强烈。

20世纪90年代中叶，全国范围内展开城市改造。城市公共空间作为城市的门面，成为各地重点打造的对象。济宁也不例外，到处都在改造更新。1994年左右，原汁原味的竹竿巷传统街区全面更新，老建筑拆除，以仿古建筑替代，再也找不到自己经常采风写生的那处朴素而温情的街区了。听说2014年前后，出于发展经济、提升城市文化品位的动因，竹竿巷风貌再次被更新了一次。可是，我再也没有想故地重游的愿望了。至于那些为了城市形象而建设的广场，尺度之大、材料之豪华令人咋舌，大面积的大理石地面铺装，绿荫却少得可怜。冬季几乎无人问津，夏季也鲜有人驻足，因为没有人愿意去忍受地砖暴晒一天后释放的热辐射。但那时，广场是新事物，而且是城市政府部门规划建设的新事物。在普通市民看来，城市新事物的出现一般也意味着它是有价值的、积极的，更何况是由政府部门决策的产物，意味着是具有远见卓识的，如今看来，这只是当时认识水平上的一个产物。

2002年，我阔别故乡，到东南大学开始了研究生阶段的生活。这所综合性大学以工科见长，特别是建筑学学科具有悠久的办学历史和雄厚的研究实力。学校在研究生课程安排上很早就实现了院系间资源共享，跨院选课是极为正常的现象。四牌楼老校区的民国建筑之美令我着迷，也即在那时，我对建筑文化和景观问题产生了浓厚的兴趣，因而研究方向也逐渐聚焦环境设计方面。除了在人文学院所学课程外，建筑学院选修的课程对我也影响颇深。诸如历史性名城保护、景观设计、古建筑修复、旅游景观规划、中西方文化比较、园林美学等课程大大地拓展了我的知识视野。导师长北先生教诲我，要善于利用学校综合性大学的学科优势，做到"广见闻，交师友"。研究生期间，跟随有关老师到浙江、安徽、江苏等地从事旅游景观开发的调研经历，让我逐渐开始思考城市空间的发展问题，对景观文化的了解和深入思考也始于这个时期。

彼时，国内景观设计的研究热潮刚刚开始，甚至有的学科的名称设定还有争议。如关于"Landscape architecture"一词，有学者将其直译为"景观建筑学"，也有学者主张意译为"景观设计学"。但不少高校都已逐渐开始设置这方面的专业，因为我国的城市建设运动正方兴未艾，从学科发展和实践上说将会有更大的应用空间，从人才培养上看意味着有更高的就业率。总体看当时的学科设置问题，至少有三个学科领域都将景观设计问题涵盖自身的学科范畴之中，如农林类的风景园林学，建筑类的景观建筑学（或景园建筑学），艺术类的环境艺术设计。景观问题成了以上学科人士均可置喙的公共话题。尤其关于城市公共空间景观建设方面的讨论，由于中国版的"城市美化运动"在各地风起云涌，一时间更是搅动起学术界的一池春水。不仅以上所述学科领域，甚至旅游学科和美学学科的学者也参加进来，好不热闹。学术争鸣的热潮也进一步激发了我对相关问题的研究兴趣和信心。针对城市公共空间的问题，我查阅了大量的国内外文献资料，同时也有目的地实地考察，以便做到知行合一。这一时期的研究主要关注20世纪末到21世纪初，我国在公共空间建设方面的一些现象，积累了一定数量的研究成果。研究生毕业后，我回到山东，在省城济南一家大学执教。教学科研之余，我始终未放弃对城市公共空间问题的进一步思考，陆续撰写了一些文章发表在大学学报之类的学术性期刊上。同时，这一时期我的研究兴趣亦有所扩展，开始关注园林生活文化以及与绘画艺术之间关系的交叉研究，并继续在一些专业学术期刊发表文章。执教期间再度回到母校攻读博士学位，毕业后旋即到南京艺术学院设计学博士后流动站做博士后，完成了关于民俗艺术和物质文化等方面的研究。但多年来对于国内的城市公共空间方面建设和发展，我始终保持着强烈的关注。如今年近半百，始终觉得对先期积累的研究成果欠一个交代，于是静下心来修正、细化、补充，以应对该领域中出现的一些新变化。理论研究应该具有超前性，但客观地说多数时候理论研究也具有时限性。一个时期的策略解决一个时期的问题，否则学术研究也不会与时俱进。在省城高校任职的十余年里，我不仅在外出学术交流之余用心观察、记录所到城市和地区的公共空间建设状态，有时还专门有目的性地到一些地方进行考察，足迹涉及多半个中国，断断续续地又积累了一些研究成果。近十几年的观察发现，我国城市在公共空间景观建设的观念和方式上，有了更多让人欣慰的变化。城市公共空间景观建设的动因已经不仅仅局限为政绩显示层面上的城市美化，考虑的方面更加综合，人性化、民主化、地域化、可持续性等因素逐渐渗入设计和建设方案中。这是一个非常可喜的事情。

于是，我决定将前期的研究和后续的研究融合在一起，以飨读者。尽管当下我们的城市公共空间建设渐趋理性，令人欣慰，但这仅仅是一个好的走势。本书力争对我国城市公共空间景观发展中的现象和原因有一个客观的评析，即便当下，城市公共空间建设渐次趋向理性化和合理化，仍然有必要保留对当时非理性阶段的较尖锐的评述。因为没有前期诸多问题的出现，就没有当下改善发展的逻辑合理性。从尊重历史的角度来说，这一点是不应回避也是不容回避的，毕竟客观地描述和理性地分析是任何一部学术著作都应遵循的基本原则。但限于笔者的学术视野和研究能力，书中有些观点难免偏颇肤浅，不足之处期待业界方家和广大读者的不吝指正。

本书即将付梓之际，也要向曾经教诲、帮助和关注我的师友们致以诚挚的谢意! 东南大学的长北教授, 作为本人研究生阶段的导师, 以严谨负责的态度履行了她教书育人的神圣职责, 在我的研究方向上给予了充分的理解和支持。我青年时期学业的顺利完成, 离不开长北教授的谆谆教诲和悉心指导。她是一位真正有历史责任感的学者, 痴迷于学术研究, 治学态度一丝不苟, 堪为后学之典范。如今回味, 治学上受先生影响之深, 乃至决定了我终生对待学问之坚定信念和正确态度。

感谢马立华教授的知遇之恩, 时任济南大学美术学院院长的他不仅义无反顾地将我引进, 还为我排除了教学和科研上的后顾之忧, 使我有了一个良好的生活和治学环境。他是位令人尊敬的善良长者, 一片公心扑在了学院工作上, 不断提携后进, 无怨无悔。他拥有长期丰富的创作经验, 在美术创作理论方面颇有见地, 每次与他促膝长谈, 使我获益良多。为了学科发展, 我们一起访求专家论证支持, 夙夜不眠、旅途奔波的情景至今难以忘怀。

《艺术百家》杂志主编楚小庆先生, 有幸结识于南京, 长期为我提供学术研究方面的资讯, 给我以莫大的支持与激励。同时感谢他对我的一些研究成果的肯定, 并给予了宝贵的刊登空间。

特别要深深地感谢我的内人。同在高校任教的她, 也肩负着繁重的教学和科研任务。为了使我能够心无旁骛地从事研究, 她主动选择照顾孩子和承担家庭的琐务, 二十年如一日给我以坚定的支持。

本书能够顺利出版, 还有赖于文化艺术出版社编辑董斌老师的精心策划和细心编校, 以及书籍设计和装帧人员的辛苦付出, 在此我深表谢忱。

韩 波

2020年8月于泉城青龙山之观鹭轩